一碗好面

萨巴蒂娜◎主编

中国轻工业出版社

懒人吃面有理

我七岁做的第一道料理就是番茄鸡蛋面。别人花 10 分钟就能做好的面，我用了一个多小时。水多了加面，面多了又加水；姐姐说她爱吃醋，所以又倒了半瓶醋。没找到盐，但是架不住醋多啊。姐姐吃得很开心，我吃得泪流满面。算上五岁的妹妹，三个人加一起，也没把一大锅的面吃掉三分之一。

但，即便是现在，番茄鸡蛋面依然是我最爱的料理之一。方法多变，有时候鸡蛋单炒，有时候鸡蛋单煎，有时候鸡蛋单独打进番茄里，和番茄混合在一起。面可以选择湿切面、鸡蛋面、挂面，甚至方便面饼。连洗带切，10 分钟足够做一碗色香味俱全的汤面，还可以放点自己种的香菜，淋几滴香油。可惜姐姐现在长居美国，没福气吃到。

馋了就做一份牛肉青菜炒面。一个锅炒牛肉青菜，一个锅煮面。牛肉切得薄薄的，大火扒拉几下就熟，然后放入青菜翻炒几下，那边面也煮到八分熟，捞出面放入炒菜锅里，再拍上一瓣大蒜，哇，香得要命。五块钱的成本，我敢说卖十八元也有人抢着要。如果有一天我看够了万丈红尘，我就去夜市卖炒面：孜然炒面、蔬菜炒面、鸡蛋炒面、香肠炒面、鸡丝炒面、猪肝炒面、五香炒面。面有很多种，银丝面、手擀面、杂粮面，还可以换成米粉或者河粉。绝对满足你对面的所有想象，我还可以赚到饱。

早饭我可以吃面，中饭、晚饭甚至夜宵，我都可以吃面。根据我的统计，中国人至少有九成人都爱吃面，不分东西南北。从小孩到老人，从男人到女人，一碗面就可以勾走你的魂。

我知道你很懒，跟我一样懒，甚至比我更懒一点。你不希望花很多时间在厨房里，但是你又馋，想吃好吃的面。怎么办？打开这本书，我保证你至少可以学会几十种又快捷又好吃的面。不管是款待自己，还是给孩子、给爱人、给父母、给朋友吃，都百分百满足你。

面，还是自己做的最健康，最好吃。

高欣茹

萨巴小传：本名高欣茹。萨巴蒂娜是当时出道写美食书时用的笔名。曾主编过五十多本畅销美食图书，出版过小说《厨子的故事》，美食散文集《美味关系》。现任"萨巴厨房"主编。

萨巴蒂娜
个人公众订阅号

🄖 敬请关注萨巴新浪微博 www.weibo.com/sabadina

目 录
CONTENTS

计量单位对照表

| 1 茶匙固体材料 =5 克 | 1 茶匙液体材料 =5 毫升 |
| 1 汤匙固体材料 =15 克 | 1 汤匙液体材料 =15 毫升 |

第 ❶ 章
暖心汤面

番茄鸡蛋刀削面

番茄揪面片

豆浆素面

葱花龙须面

家常汤面

红烧排骨面

雪菜肉丝面

酸汤臊子面

辣白菜汤面

高汤云吞面

红烧牛肉面

酸汤牛肉面

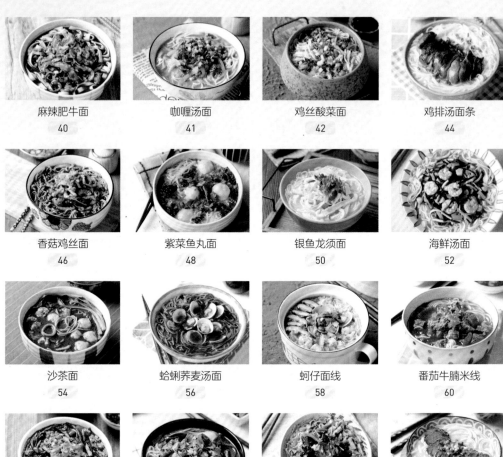

第 ● 章
滋味拌面、凉面

豆豉麻酱榨菜面
76

菌香拌面
78

肉丝拌面
80

香菇肉臊拌面
82

榨菜肉末拌面
84

肉臊炸酱面
86

碎米芽菜拌面
87

麻辣豆干拌面
88

八宝辣酱拌面
90

彩椒牛肉拌面
92

土豆牛腩面
94

干煸牛肉拌面
96

香芹牛肉末拌面
98

剁椒鱼片拌扯面
100

麻辣鱿鱼拌面
102

担担面
104

蒜蘸面
105

麻辣干拌米线
106

麻辣凉面
108

时蔬凉面
110

翡翠麻酱凉面
112

银芽菠菜凉面
114

茴香云丝面
116

海苔荞麦冷面
117

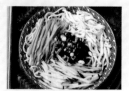

第 三 章

特色焖面、卤面、炒面

初步了解全书

看着名字
就流口水

时间、难易度
清楚明了

营养贴士让
你吃出健康

品尝美味菜肴也
是有情怀的

需要用到的
食材一目了
然，要打有
准备的仗

详尽直观的
操作步骤让
你简单上手

烹饪秘籍，让你与美味不再
失之交臂

为了确保菜谱的可操作性，
本书的每一道菜都经过我们试做、试吃，并且是现场烹饪后直接拍摄的。
本书每道食谱都有步骤图、烹饪秘籍、烹饪难度和烹饪时间的指引，确保你照着图书一步步
操作便可以做出好吃的菜肴。但是具体用量和火候的把握也需要你经验的累积。

书中部分菜品图片含有装饰物，不作为必要食材元素出现在菜谱文字中，读者可根据自己的
喜好增减。

面面俱到的美味

面条，可以说是全世界人民都喜爱的主食。在国内，不论是南方还是北方，各地都有着极富地方特色的面条种类，可以说，在吃面这件事上，南北方的人们终于找到了共同点。

面条富含的碳水化合物能为人体提供必要的能量和营养，千变万化的面条也是千百年来劳动人民智慧的结晶。

面条还承载了人与人之间的情感寄托，妈妈的手擀面、每年生日时的长寿面、第一次下厨为自己煮的那碗面、在异国他乡吃到跟国内完全不同的面条……这些生活中的片段，因为面条的存在，便成了永远留在味蕾上的记忆。

面条的千万种模样

不同地区、不同种类的面粉有着不同的特性和风味，这便是面条能够千变万化的原因，不同软硬、不同粗细的面条搭配味道各异的酱料和汤汁，便有了餐桌上的一碗碗美味。想要做好一碗面，首先要学会如何选择面条。

中式面条种类

鸡蛋面

和面时因加入鸡蛋，令面条颜色更黄、口感更筋道而得名，市售的鸡蛋面多为干制品，易于储存，吃起来也方便，非常适合上班族。

刀削面

刀削面是由锋利的刀在面团上削切制成，刀削面形似柳叶，边缘薄中间厚，口感筋道有嚼劲，做汤面和拌面都是不错的选择。

棍棍面

这是西北特有的面条种类，面条四四方方，形似棍子，制作的诀窍是面要和得硬一些，擀成较厚的面片后，再切成细长的四方条。

拉条子

不同于其他面条需要擀面或者压面，拉条子完全是用手拉出来的。将和好的面分成小条，抹上食用油，醒发后便可以拉面了，拉面时小心操作便可以将面条拉得又细又长而不断。

挂面

挂面是一种非常方便的干制面条，不仅耐储存，也非常易煮，挂面也有宽有细，根据自己的喜好选择便可以了。

碱水面

由碱水和面制成的面条比普通面条颜色偏黄、更蓬松，碱水的加入也能中和面粉中的酸味，改善口感，但煮好的碱水面会比较黏，可以过一下凉水防止其粘连。

米线

由大米制成的米线颜色洁白，口感爽滑，耐煮，泡软后用开水烫一下便可食用，是一种营养丰富的方便食品，非常适合如今快节奏的生活。

米粉

米粉和米线很容易混淆，两者的制作工艺也比较相似，区别在于米粉中除了大米外，还加入了淀粉，这令其口感更加软糯，咬起来比较"黏"，而米粉也往往要比米线粗很多。

河粉

河粉同样是大米制品，是先将米浆上锅蒸熟成片状后再切分成宽条状，因此其口感更筋道一些，不管是煮还是炒，都非常美味。

面线

面线是闽南地区的传统面食，因又细又长形似线而得名，根据面线的种类不同，可以炒着吃，也可以煮着吃。

异国面条种类

意大利面

意大利面是由硬质小麦粉制成，这让其不仅筋道有弹性，还非常耐煮，而干燥的意大利面也非常易于保存，再加上意大利面有很多种类及形状，吃的花样便也能变化出很多，这令其逐渐成为深受国人喜爱的面条之一。

乌冬面

乌冬面是日式面条，由日语音译过来，其形态为直径4～6毫米的圆形粗面条，同中式面条比较相似。

荞麦面

由荞麦粉制成，颜色较深，有特殊的香味，不仅营养丰富，还热量很低，在中国、日本、韩国等东亚国家，都有食用荞麦面的习惯。

面条的制作和储存

很多人会觉得自己在家做面条是一件非常复杂的事情，但随着各种厨房电器和工具的普及，如今，在家里制作面条已经变得非常轻松了。

手工面条的做法

如何和面

1 250克中筋面粉中加入1茶匙盐，再缓慢倒入125毫升清水。

2 先用手将面粉搅拌成絮状。

3 再经过反复地揉、压，将其揉成光滑的面团。

4 将揉好的面团封上保鲜膜，放在室温下静置半小时。

手擀面条

1 将静置好的面团放在案板上，两面均匀撒上面粉或玉米粉防粘。

2 用擀面杖将其擀成均匀的薄面片。

3 从一端将面片折叠起来，用锋利的刀切成粗细合适的面条。

4 用手将面条抖散，再撒上面粉防粘即可。

机器压面条

1 将静置好的面团放入压面机中的压面片入口，调节压面机的档位，由厚至薄，经过多次，将面团压成薄面片。

2 将面片放入压面机中的压面条入口，将面片压成粗细适中的面条即可。

煮面的技巧

学会了自己制作面条，再掌握一些煮面的小秘诀，你便离煮出一碗美味面条更近了一步。

1 煮面时选择比较深的锅，并添加足够的水，一般来说，水量要达到面条量的10倍比较合适。

2 下入面条时一定要确保锅里的水已经沸腾，并且要将面条抖散后再下入锅内，待水再次煮开后需要添加凉水，根据面条的粗细和软硬程度不同，需要添加一两次凉水。

3 如果是做拌面或者炒面，面条煮好后可以放入冷水中浸泡冷却后再捞出，这样不仅可以去除面条表面的黏性物质，起到防粘的作用，还能令面条更加筋道。

4 煮意大利面的时候要仔细阅读产品上的说明，不同品牌和种类的面条标签上都会标注具体的煮面时间，并且在煮面的水里可以加入一定量的橄榄油和盐，可以令煮好的意面更加筋道。

面条的储存

1 新鲜的面条一定要现做现吃，如果有剩余的面条没有吃完，可以将其抖散，铺在案板上待其自然风干后，放入密封袋中密封好，而后冷冻保存，并尽快吃完。

2 购买的袋装挂面、意大利面等干制面，取出每次食用量后，一定要将其封口夹紧后，再放在干燥阴凉处保存，有条件也可以选购一两个面条储存盒，将面条密封保存。

让面条更美味的小诀窍

高汤用香料，可根据个人口味选择

自制高汤

好面配好汤，一碗好汤可以让原本平淡的面条更加鲜美，在家里常备一些高汤，便可以在煮面时替代清水，让自己煮的面条更加出彩。

鸡骨高汤

鸡骨高汤做起来非常简单，可以选择现成的鸡架，也可以将鸡腿剔骨后，用鸡腿骨来煮汤，而鸡腿肉可以用来做鸡排，也是一举两得的方法。当然，剔骨时可以稍微留下一些鸡肉，让汤的滋味更加浓郁。

做法

1 将250克鸡骨斩成小段，放入沸水中焯水1分钟后捞出。

2 另取一锅，加入1升清水，放入焯好水的鸡骨，再加入香叶、八角、桂皮各2克，姜片、葱段各5克。

3 大火煮开后调成小火，继续煮30分钟。

4 煮好后将鸡骨和调料滤去即可。

猪骨高汤

用猪骨头熬汤要选择猪棒骨，猪棒骨中富含骨髓和胶原蛋白，非常适合煮汤，但是煮好的高汤上层会浮着较多的油脂，可以待油脂冷却凝固后将其撇去。

做法

1 500克猪棒骨洗净后斩成段，用刀背将骨头稍稍敲碎。

2 将猪骨放入冷水锅中，大火煮开后再煮3分钟，捞出，洗净血污。

3 另取一锅，加入2升清水，放入猪骨，加入姜片、葱段各10克、香叶、八角、茴香、花椒各1克。

4 大火煮开后调至小火，继续煮1小时后过滤掉调料和骨渣即可。

牛骨高汤

牛骨汤跟猪骨汤一样，会将大骨头中的骨髓煮进汤里，令其味道更浓郁，但却没有猪骨汤那么油腻，淡茶色的汤色看起来也让人更有食欲。

做法

1 300克牛腿骨放入冷水锅中，大火煮开后再煮5分钟，捞出，洗净后沥干水分。

2 另取一锅，加入1.5升清水，放入牛骨，加入香叶、八角、桂皮、草果各2克，姜片5克。

3 大火煮开后调至小火，继续煮40分钟后过滤掉调料和骨渣即可。

高汤的储存

1 为了方便日常煮面，可以提前准备多次用量的高汤，待其彻底冷却后分装在密封袋中，封好袋口放入冰箱冷冻保存，这样可以节约很多时间，轻松吃到美味的骨汤面条。

2 如果家里有小朋友，每次的用量不多，可以将高汤分装在冰格中，随用随取就行了。

3 煮好的高汤可以在冰箱中冷冻保存1个月，应根据自家的实际情况来准备高汤的用量，并尽快食用。

自制调料

如果说自制的高汤是让家常面条味道更加鲜美的基础，那么，加上一点点自制的香浓调味料，便是一件画龙点睛的事情了。

葱油

葱油不仅是制作葱油拌面的关键，也有很多其他用途，煮面、炒菜、炒饭等都是不错的选择，它能让每一道菜都做到不仅闻着香，吃着也香。

做法

1 100克小葱洗净，沥干水分后切成七八厘米的段；30克洋葱沥干水分，洗净、切丝；10克蒜去皮，洗净后切片待用。

2 锅里倒入300毫升植物油，烧至三成热时放入香叶、八角、桂皮、草果、花椒各2克，用中火炸出香味。

3 依次放入洋葱丝和蒜片，调成小火将洋葱丝和蒜片炸软，颜色微黄后将其和所有调料捞出抛弃。

4 放入沥干水分的葱段，慢慢炸至葱段变皱、颜色焦黄即可。

虾油

很多人为了图方便，在家里吃虾的时候往往会提前把虾头去掉，而这些被当成垃圾丢弃的小小虾头，其实是能派上大用场的，用热油一烹便可以熬出虾油，保存起来为菜肴增鲜，便可以变废为宝啦。

做法

1 虾头、虾身分离，剪去虾须，用厨房纸将虾头上的水分擦干。

2 取虾头重量一半的姜、蒜，洗净后切片；小葱白切段后待用。

3 锅里加入可以没过虾头的植物油，烧至三成热时放入虾头，用中小火慢慢炸至虾头微黄。

4 放入所有调料，继续炸至虾头和调料金黄，油表面泡沫减少时关火，滤掉虾头和调料即可。

自制调料的储存

1 做好的葱油、虾油，待完全冷却后，装入无油无水的带盖容器中，密封好后放入冰箱冷藏保存。

2 每次取用时要使用干净的餐具，并尽快食用完毕。

熟悉的家常味

番茄鸡蛋刀削面

🕐 40分钟　🍲 简单

主料

刀削面250克·番茄2个（约350克）·鸡蛋3个

辅料

葱花5克·蒜末5克·植物油3汤匙
番茄酱2汤匙·白糖1克·盐2克

营养
贴士

鸡蛋富含优质的蛋白质，2个鸡蛋中的
蛋白质含量就相当于50克鱼肉或瘦肉中
的蛋白质含量。

做法

1 番茄去皮、去蒂，切
成小块；鸡蛋磕入碗
中，打散成均匀的蛋液
待用。

2 锅内加入植物油，烧
至八成热时，倒入蛋
液，转动锅体，待蛋液
稍微凝固后用锅铲翻
动，将鸡蛋炒熟。

3 控掉多余油脂，将炒
好的鸡蛋盛出待用。

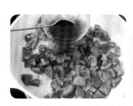

4 下入蒜末和一半的葱
花，用锅里剩余的油炒
出香味后下入番茄块、
番茄酱。

5 翻炒出汁水后，加入
炒好的鸡蛋，再加入约
200毫升水，大火煮开
后加入白糖、盐，拌匀
后盛出待用。

6 刀削面煮熟后捞出，
沥干水分后装入碗中。

7 浇上烧好的番茄鸡蛋
汤汁，再撒上剩下的一
半葱花即可。

烹饪
秘籍

这里用的番茄酱是番茄的浓缩制品，
不含调味料，不同于有着酸甜味道的
番茄沙司，番茄酱一般不直接食用，
而是作为烹饪的原材料，加入了浓缩
的番茄酱可以让番茄汤的味道更浓郁。

番茄炒蛋大概可以算得上是国民菜肴了，一百个家庭就有一百种番茄炒蛋的味道，最好吃的那一口一定是妈妈亲手做的，即使是远在天边的游子，一碗番茄鸡蛋面下肚，也仿佛尝到了家的味道。

最温暖的汤面片

番茄揪面片

🕐 30分钟　🍜 简单

主料

宽扯面150克·番茄150克·平菇50克
泡发木耳30克·韭菜50克

辅料

蒜末5克·葱花5克·生抽1汤匙·白糖1茶匙
盐2克·植物油适量

营养
贴士

番茄富含水分，口感酸甜，营养价值
高，不仅富含维生素，其中的果酸成分
还可以有效促进消化，谷胱甘肽、番茄
红素等特殊物质对儿童的生长发育也有
着积极的作用。

做法

1 韭菜洗净后切成段，
平菇洗净后用手撕成细
条，泡发木耳洗净后切
成细丝。

2 番茄洗净后去皮，对半
切开后去蒂，切成小丁。

3 锅里加入植物油，烧
至五成热时下入蒜末、葱
花，爆香后下入番茄丁。

4 继续翻炒出番茄汁水，
下入平菇、木耳，翻炒
均匀。

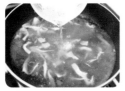

5 加入生抽、白糖拌匀后
加入约800毫升清水，
大火烧开。

6 调成小火，将扯面用
手揪成段，依次下入
锅内。

7 下入所有面片后，调
成大火，再次煮沸后加
入韭菜段、盐拌匀。

8 继续煮5分钟后盛出
即可。

烹饪
秘籍

1 将面片下入锅内后要及时搅拌，以免面片之间粘连或者煳底。
2 配菜的搭配没有固定的模式，可荤可素，也可根据时令调整，煮
面片时如果汤汁仍比较多，可以适当延长煮的时间，待汤汁浓稠
时再关火。

懒得做饭的时候，不如试试将面和菜一锅煮的方法吧，挑几样自己爱吃的蔬菜，炒香后加水煮成浓汤，将长长的面条揪成面片，面片被抻得更薄的同时也更易入味。搭配浓浓的番茄汤，简直是绝配！

在这碗面里你能喝到浓浓的豆浆，豆制品和菌类的搭配，无形中放大了香味，也提升了面条整体的营养和口感。不含肉类和油脂，也是素食主义者的最爱。

豆浆素面

🕐 30分钟　🥄 简单

主料

鲜面条200克·豆浆400毫升
卤蛋半个·玉米粒30克
金针菇20克·泡发木耳20克

辅料

盐2克·白胡椒粉1克·葱花2克

营养
贴士

金针菇素有"智力菇"的美称，其中含有多种氨基酸和丰富的锌元素，能促进新陈代谢，对于大脑发育也有着积极的作用，非常适合儿童及老人食用。

做法

1 金针菇洗净后撕开，沥干水分，泡发木耳洗净后切成细丝待用。

2 面条放入沸水中煮熟，捞出后沥干水分，装入大碗中。

3 另取一锅，倒入豆浆，再加入约200毫升清水，煮沸后下入玉米粒、金针菇、木耳丝。

烹饪
秘籍

豆浆可以购买现成的，也可以自己用豆浆机或者料理机现打，打好后可以用筛网过一下筛，将豆渣滤掉，太多的豆渣煮面时容易糊底，也影响口感。

4 再次煮沸后调入盐、白胡椒粉拌匀，关火后撒入葱花。

5 将调好的汤汁浇在面条上，摆上卤蛋，拌匀即可。

清汤也美味
葱花龙须面

⏱ 20分钟　🍜 简单

一捧葱花、一把银丝、一碗热汤，最平常的食材，需要你用心去将它们组合在一起，没有什么比给家人亲手做一碗热汤面更能表达心意的了。如果你不善于用言语去表达感情，那不妨让美食替你说话吧！

主料

龙须挂面150克·高汤600毫升
拆骨鸡肉50克·小青菜30克

辅料

小葱10克·葱油1茶匙·盐2克

营养
贴士

小葱的葱白少，味道温和，但功效却并不比大葱低，其中的钙质和胡萝卜素的含量都高于大葱，是烹饪中常用的香辛料，在增香除腥的同时，还能够有效促进消化，增加食欲。

烹饪
秘籍

1 龙须挂面比较细，不耐煮，煮面时可以适当缩短时间，以免面条煮断或者粘锅。

2 挂面在制作的过程中都适当加入了盐分，如果购买的挂面已经比较咸了，放入高汤中调味的盐可以减量。

做法

1 拆骨鸡肉撕成细丝，小青菜洗净、沥干水分，小葱洗净后切成葱花待用。

2 龙须挂面放入沸水中，煮面的同时下入小青菜，煮好后将面条和青菜一起捞出，沥干水分，放入大碗中。

3 将葱花撒在面条上，摆上鸡肉丝。

4 高汤煮沸后加入盐拌匀，趁热浇在面条和葱花上，淋入葱油即可。

难忘的味道
家常汤面

🕐 40分钟　🍴 简单

主料

宽面条200克·猪里脊50克·鲜香菇30克
鸡蛋1个·白菜100克·番茄100克

辅料

植物油1汤匙·料酒2茶匙·白胡椒粉1克·白糖1克
盐2克·蚝油1汤匙·生抽1汤匙·姜末2克

营养
贴士

尽管白菜中含有大量水分，但其中的蛋白质和维生素含量也很丰富，不仅热量很低，还含有丰富的膳食纤维，能有效促进肠道蠕动，帮助消化。

做法

1 番茄洗净、去皮，切成小丁；鲜香菇洗净，沥干，切片；白菜洗净、沥干，切丝待用。

2 猪里脊洗净，沥干，切细丝，加入料酒、白胡椒粉，拌匀后腌制15分钟；鸡蛋打入碗中，打散成均匀的蛋液待用。

3 锅里加入植物油，烧至五成热时下入姜末爆香后下入里脊丝，翻炒至肉丝变色。

4 下入香菇片，继续翻炒至香菇水分蒸发。

5 下入番茄丁和白菜丝，炒出汁水后加入白糖并拌匀。

6 加入约500毫升清水，烧开后调成小火，用画圈的方式倒入蛋液，待其凝固后搅拌均匀，并加入盐、蚝油、生抽，拌匀后关火。

7 宽面条煮熟后捞出，沥干水分，装入大碗中。

8 将烧好的汤料浇在面条上即可。

烹饪
秘籍

鸡蛋的最佳食用期是15天，所以不要一次采购太多的鸡蛋。挑选鸡蛋时应挑选外壳干净、无缝隙、没有沾染鸡粪的鸡蛋。

记得小时候，一到冬天就特别馋妈妈做的汤面条，一碗热汤面下肚，浑身就都热了起来。长大成人后，最怀念的仍是妈妈亲手做的饭菜，这就是每个孩子心中永远难忘的味道吧！

大口吃肉
红烧排骨面

🕐 40分钟　🍳 简单

主料

鲜面条150克 · 猪小排200克

猪排骨不仅富含蛋白质、脂肪、维生素，还含有大量的磷酸钙、骨胶原、骨黏蛋白，味道鲜美，也不会过于油腻，在补充能量的同时也能作为很好的补钙食材。

辅料

植物油1汤匙 · 料酒1汤匙 · 姜丝3克 · 蒜片5克
酱油2汤匙 · 盐2克 · 白糖1茶匙 · 葱花2克

做法

1 猪小排斩成段，洗净后放入沸水中，焯水半分钟后捞出，冲洗掉表面浮沫。

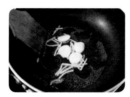

2 锅里加入植物油，五成热时下入姜丝、蒜片爆香。

3 下入排骨段，用小火煎至两面焦黄后加入料酒、酱油、白糖并翻炒均匀。

4 倒入没过排骨2倍的热水，大火烧开后转小火继续炖煮30分钟，加盐调味。

5 鲜面条放入沸水中煮熟后沥干水分，装入大碗中。

6 将烧好的排骨及汤一起浇在面上，撒上葱花即可。

烹饪秘籍

肉类在正式烹饪前最好进行焯水，这样不仅可以除去其中的血水，也可以烫熟肉质的表层，确保在后续的炖煮中锁住水分，保证其口感。

排骨深受肉食爱好者的喜爱，小火慢炖让肉烂骨酥，轻轻一拨，肉就能彻底分离。大口吃完肉，再吃面喝汤，绝对是一件幸福的事情。这样的排骨面，你不来一碗吗？

别再吃方便面啦

雪菜肉丝面

🕐 35分钟　🥢 简单

主料

鲜面条200克·雪菜100克·猪里脊100克

辅料

植物油2汤匙·生抽1汤匙·白糖1/2茶匙·葱花3克
蒜末3克·姜末3克·料酒1汤匙·白胡椒粉1克
淀粉1汤匙·朝天椒1克·猪骨高汤400毫升

营养
贴士

朝天椒虽小，却含有远高于其他蔬菜的维生素，特别是维生素C，有很好的抗氧化作用，热量也很低，不仅能促进消化、延缓衰老，还有养颜美容、维持皮肤良好状态的作用。

做法

1 雪菜洗净，沥干水分，切成小段；朝天椒洗净后切成椒圈。

2 猪里脊洗净后沥干水分，切成细丝，加入料酒、淀粉、白胡椒粉拌匀并腌制15分钟。

3 锅里加入植物油，烧至五成热时下入蒜末、姜末、葱花爆香。

4 下入腌好的肉丝，炒至肉丝变色。

5 下入雪菜段和朝天椒圈，炒出香味，加入生抽、白糖拌匀，继续翻炒2分钟后盛出待用。

6 面条放入沸水中煮熟，捞出沥干水分，装入大碗中，放上炒好的雪菜肉丝酱料。

7 将猪骨高汤提前烧热，浇到面上即可。

烹饪
秘籍

经过腌制的雪菜盐分含量较高，在制作前可以用清水冲洗一下，洗去多余的盐分，在烹饪过程中也可以不放盐，以免盐分摄入过多。

在物资匮乏的过去，雪菜是冬季很好的下饭菜。酸辣可口的雪菜，配上鸡蛋或者肉丝，抑或只是当作小菜，都是餐桌上不一样的美味。如今，市场里琳琅满目的食材让人挑花了眼，倒不如买一份雪菜，做一份最简单的雪菜肉丝面吧。

酸辣开胃

酸汤臊子面

🕐 45分钟 🥄 中等

主料

鲜面条250克·鸡蛋1个·猪五花肉100克
胡萝卜100克·豇豆50克·泡发木耳40克
泡发黄花菜40克·韭菜10克

辅料

植物油2茶匙·姜丝2克·葱段5克·干辣椒段5克
辣椒粉1汤匙·陈醋50克·五香粉2克·盐2克

营养
贴士

胡萝卜中含有大量胡萝卜素，会在肝脏
中转化为维生素A，而维生素A又有防
治眼干、改善视力衰退及夜盲症的作
用，是非常好的保健食疗蔬菜。

做法

1 木耳、黄花菜提前泡
发，洗净后切丁；豇
豆、胡萝卜、五花肉洗
净后切丁；韭菜洗净后
切碎待用。

2 鸡蛋打入碗中，用筷
子打散成均匀的蛋液。

3 锅中加入植物油，烧
至五成热时倒入蛋液并
摇匀，将蛋液摊成薄薄
的蛋饼，待蛋饼稍微冷
却后切成小丁待用。

4 另起一锅，倒入五花
肉丁，用小火煸炒至出油
时，依次下入姜丝、葱
段、干辣椒段，并继续翻
炒至肥肉部分变透明。

5 加入辣椒粉、五香粉、
盐并拌匀后，下入除韭菜
外的所有蔬菜丁及蛋饼
丁，中火翻炒5分钟。

6 加入陈醋和约1升水，
大火烧开后转小火，煮
5分钟后关火，下入韭菜
碎并拌匀待用。

7 鲜面条煮熟后捞出，
装入碗中，浇上煮好的
酸汤臊子即可。

烹饪
秘籍

1 可以将五花肉的瘦肉和肥肉分离后再分别切丁，这样在煸炒时更
利于肥肉中的油脂析出，令肉臊的味道更香。

2 陈醋是这道面味道的关键，在烹饪时尽量不要随意减量或者用别
的醋替换。

每当想起酸汤臊子面，口腔中就不自觉地分泌唾液，筋道的面条在酸辣汤中显得格外诱人，酸、辣、鲜、香在味蕾上慢慢释放，每一口吃下去都能带来令人愉悦的满足感。吃完面再喝汤，即使满头大汗也无妨。

好汤成就好面
辣白菜汤面

🕐 30分钟 · 🍲 简单

主料

拉面150克 · 辣白菜100克 · 猪五花肉80克
水煮蛋1个 · 高汤800毫升

辅料

韩式辣酱3汤匙 · 小葱20克 · 植物油2茶匙

营养
贴士

鸡蛋非常容易购买和烹饪，是日常餐食中最容易获取的蛋白质来源。但每日鸡蛋的摄入量也不能过多，健康的成年人每天摄入2个鸡蛋就足够了。

做法

1 小葱洗净后切成葱花，辣白菜切成宽条，水煮蛋剥皮后对半切开。

2 五花肉洗净后切成小丁。

3 锅里加入植物油，烧至五成热时下入一半的葱花爆香。

4 下入五花肉丁，用小火煸炒至其变色，边缘微黄的状态。

5 倒入高汤，加入韩式辣酱，搅拌均匀后大火烧开。

6 加入辣白菜，再煮1分钟后关火待用。

7 拉面放入沸水中煮熟，捞出后沥干水分，装入大碗中。

8 浇上烧好的辣白菜汤底，摆上水煮蛋，撒上葱花即可。

烹饪秘籍

辣白菜是经过发酵的食品，买回来的辣白菜都是可以直接食用的。尽量在汤煮好时再放入辣白菜，也不能煮太长的时间，以免其发酵的特殊风味流失，影响口感。

火红的辣白菜和韩式辣酱，让韩式拉面抓住了不少人的胃。随着电商和物流的普及，各种原材料的购买都不再是问题，即使足不出户，也能在家里做出地道的辣白菜汤面来。有菜有肉，还有酸辣的浓汤。

混搭的美味

高汤云吞面

⏱ 20分钟　🍵 简单

主料

鸡蛋面100克·小云吞100克

辅料

高汤500毫升·小青菜50克·生抽1茶匙·盐2克
香油1茶匙·香菜碎1克·红葱酥1茶匙

做法

1 小青菜去根，掰开叶
片，洗净后沥干水分。

2 鸡蛋面、小云吞分别
煮熟后捞出，沥干水分；
小青菜焯水1分钟后捞
出，沥干水分待用。

3 将面条铺在碗底，再
铺上小云吞，码放上小
青菜待用。

4 高汤加热，加入生
抽、盐拌匀。

5 将调好味的高汤浇入
碗中，淋入香油，撒上
香菜碎和红葱酥即可。

烹饪
秘籍

云吞即馄饨，如果图方便，可以买现
成的速冻制品，也可以自己制作。自
己包馄饨要尽量包小一点，包好的馄
饨可以密封冷冻保存，吃的时候无须
解冻，直接放入沸水中煮熟即可。

云吞面是地道的广式小吃，没吃之前也一度觉得将面条和云吞煮在一起实在是太不靠谱了，但尝过之后才发现，这样的美味真是百吃不厌啊，而且还非常简单易做，即使是新手也可以轻松完成。

肉烂汤浓

红烧牛肉面

🕐 90分钟　🥄 简单

主料

鲜面条200克・牛腩250克

辅料

姜片5克・葱段5克・蒜10克・八角2克・料酒2汤匙
豆瓣酱1汤匙・酱油1汤匙・植物油1汤匙・盐2克
小葱花1克・香菜碎1克

营养
贴士

大蒜虽小，却含有很多营养素，除了蛋白质、脂肪和碳水化合物外，还含有钙、磷、铁、维生素等，特别是其中的大蒜辣素还具有杀菌的作用。

做法

1 牛腩洗净后切成大块，放入沸水中焯水1分钟后捞出，并沥干水分。

2 蒜洗净、去皮后，用刀背拍散待用。

3 锅里加入植物油，烧至五成热时下入葱段、姜片、蒜瓣、八角爆香。

4 下入牛腩块，炒至变色后加入料酒、豆瓣酱、酱油翻炒均匀。

5 倒入没过牛腩的清水，大火烧开后撇去表面浮沫，调成小火，继续煮1小时后加入盐调味。

6 面条放入沸水中煮熟，捞出，沥干水分后装入碗中。

7 将烧好的牛肉捞出，摆在面条上，再浇上牛肉汤，撒上葱花、香菜碎点缀即可。

烹饪秘籍

小葱味道鲜美、外形漂亮，但不易保存，如果一次购买的小葱太多，可以种在花盆里，放在阳光充足的环境中，定期浇水，这样可以保证小葱不腐败干枯，在一段时间内都可以吃到新鲜的小葱。

小火慢炖的肉汤，搭配上煮得软烂的大块牛肉，老远就能闻到香味的面条一定是红烧牛肉面了。盛出后再撒上葱花和香菜碎，一气呵成的动作中却藏着美食的大学问。吃得面光汤净便是最好的证明。

激发食欲

酸汤牛肉面

🕐 25分钟　🥢 简单

主料

鲜面条150克·牛里脊150克·金针菇50克
酸菜80克

辅料

植物油1汤匙·泡椒2克·蒜末5克·姜末5克
淀粉2茶匙·料酒1汤匙·白胡椒粉2克·盐2克
香菜碎1克

营养贴士

香菜富含多种维生素和矿物质，7～10克的香菜就含有人体一天所需的维生素C，其中还含有多种挥发性芳香物质，能有效促进食欲，为饭菜增添香味。

做法

1 牛里脊切成薄片，加入淀粉、料酒抓匀后腌制10分钟。

2 金针菇洗净，分成小簇，酸菜洗净后切细丝，泡椒切成末待用。

3 锅里加入植物油，烧至五成热时下入泡椒末、蒜末、姜末，爆香后下入酸菜丝，炒匀。

4 加入约600毫升清水，烧开后下入金针菇煮2分钟。

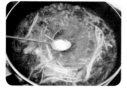

5 调成小火，下入牛里脊片，待其变色后加入白胡椒粉、盐，继续煮1分钟后关火。

6 鲜面条下入沸水中煮熟，捞出后沥干水分，装入大碗中。

7 将烧好的牛肉酸汤浇在面条上，撒上香菜碎即可。

烹饪秘籍

金针菇不易储存，即使是冷藏保存也不宜超过三天，所以为了保证新鲜，最好现买现吃。

从春入夏，突然而至的热空气往往让人毫无食欲，如果说有什么食物能让人哪怕汗流浃背也要大快朵颐的，那一定是酸汤牛肉了。又酸又辣的热汤下肚，带来的酣畅淋漓的感觉直让人大呼过瘾。

肥牛片是涮火锅时必点的菜品，看着它在麻辣热汤里上下翻滚，就能勾起人无限的食欲。这一次，用麻辣酱将火锅的味道带到了汤面里，鲜美、热辣的麻辣肥牛面便是替代火锅的最好选择。

像火锅一样热辣

麻辣肥牛面

🕐 15分钟　🍴 简单

主料

宽面条200克·洋葱100克
肥牛片150克·牛肉高汤800毫升

辅料

植物油1汤匙·葱花2克·香菜碎1克
麻辣酱2汤匙·盐2克

营养贴士

洋葱中的蒜素可以有效提高牛肉中B族维生素的吸收率，所以烹饪牛肉的时候可以适量加入洋葱，不仅能提香去腥，也能促进营养的更好吸收。

做法

1 洋葱洗净后切成细丝。

2 宽面条放入沸水中煮熟后捞出，沥干水分，放入大碗中。

3 锅里加入植物油，烧至五成热时放入洋葱丝爆香。

烹饪秘籍

4 待洋葱丝变软后放入肥牛片，翻炒至其微微变色。

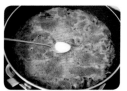

5 加入牛肉高汤、麻辣酱，大火烧开后加入盐调味。

6 将烧好的麻辣肥牛汤浇在面条上，撒上香菜碎和葱花即可。

肥牛片需要冷冻保存，在烹饪时不需要完全解冻，完全融化的肥牛片很软，比较容易断裂，影响成品的外观，所以在炒之前略解冻5~10分钟即可。

懒人快手餐
咖喱汤面

⏱ 25分钟　🥄 简单

每次去超市采购，都会囤上很多现成的咖喱酱，在忙碌的工作日，便可以用这些咖喱加几样耐煮的蔬菜熬一锅可口的酱汁，或稀、或稠，或拌饭、或拌面，在忙碌的生活中偷得一份闲适。

主料

鲜面条200克·块状咖喱50克
洋葱100克·牛肉末80克

辅料

植物油1汤匙·蒜5克·葱花2克
香菜碎2克

营养贴士

牛肉富含脂肪和蛋白质，但维生素和膳食纤维不足，所以在这道面的配菜上要选择一些新鲜的时令蔬菜，来均衡营养。

做法

烹饪秘籍

1 市售的咖喱块有不同的辣度可供选择，可根据自己的接受程度来选择不同的辣度。

2 在煮咖喱汤底时，要确保加入的水量可以没过食材，这样才能得到汤水比较多的汤底，如果水量添加不足，煮出来的就是比较浓稠的咖喱酱了。

1 洋葱去皮，洗净后切细丝；蒜去皮，洗净后切末。

2 锅内加入植物油，烧至五成热时下入洋葱丝和蒜末，小火煸炒至洋葱边缘微黄。

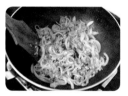

3 下入牛肉末，翻炒均匀至牛肉末变色。

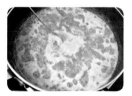

4 加入500毫升清水，再放入咖喱，小火煮至咖喱块溶化后，调至大火煮开，拌匀后关火。

5 鲜面条放入沸水中煮熟后捞出，放入凉水中冷却后捞出，沥干水分，放入碗中。

6 浇上烧好的咖喱汤汁，撒上葱花和香菜碎即可。

鸡丝酸菜面

🕐 40分钟　🥄 简单

主料

鲜面条150克·鸡胸肉100克·酸菜50克

辅料

生抽1茶匙·盐2克·香油1/2茶匙·葱花2克
料酒1茶匙·白胡椒粉1克

营养贴士

鸡胸肉是优质的蛋白质来源，不仅没有多余的脂肪，还含有人体必需的营养素磷脂，是减脂期非常不错的食物。

做法

1 鸡胸肉洗净后加入料酒、白胡椒粉，拌匀后腌制15分钟。

2 酸菜洗去多余盐分，沥干水分后切成细丝待用。

3 将腌好的鸡肉放入沸水中煮10分钟后捞出，待冷却后用手撕成肉丝待用。

4 面条放入沸水中煮熟，捞出后沥干水分，装入碗中。

5 加入生抽、盐，再将鸡肉丝和酸菜丝码放整齐，浇上煮面的汤。

6 撒上葱花，淋入香油即可。

烹饪秘籍

高品质的酸菜菜叶为黄色，菜帮为半透明或白色，经阳光照射或暴露在空气中后颜色会变得灰暗，而如果是经过化学药物漂白、染色的酸菜不仅整体颜色偏黄，也不会出现上述的自然变化，在选购时要注意分辨。

作为五味之一的"酸"，是一种让人欲罢不能的味觉体验，它的酸爽刺激着你的味蕾，让人不禁食欲大开。再普通的饭菜若以"酸"来调味，那一定会吃起来格外地香。用这样的酸菜搭配没什么味道的鸡肉，便成就了这碗浓淡相宜的鸡丝酸菜面啦！

不油炸更健康
鸡排汤面条
🕐 30分钟 🍲 简单

主料

鲜面条200克·鸡腿200克·高汤500毫升

辅料

植物油2茶匙·葱花5克·生抽1汤匙·盐2克
白胡椒粉1克

营养
贴士

用油煎的鸡排会额外增加油脂的摄入，如果有条件，可以使用烤箱或者空气炸锅这样的设备，以减少油脂的用量。

做法

1 鸡腿洗净后擦干表面水分，剔骨，将剔下来的鸡腿肉摊开成鸡排状，放入盘中，加入生抽和白胡椒粉并拌匀，腌制10分钟。

2 平底锅里放入植物油，烧至五成热时放入鸡排，用小火煎至两面金黄。

3 将煎好的鸡排盛出，用厨房纸吸去表面多余油脂后切成宽条待用。

4 高汤再次煮热，加入盐，搅拌均匀后撒入葱花。

5 面条放入沸水中煮熟，捞出后沥干水分，放入大碗中。

6 将烧热的高汤浇在面上，再摆上切好的鸡排即可。

烹饪
秘籍

做这道菜时尽量选择大的鸡腿，这样剔下来的鸡肉面积比较大，煎出来的鸡排也大，切开后外观很好看。

🍜 鸡皮富含油脂，在小火慢煎下，鸡皮变得金黄酥脆，鸡肉变得鲜嫩多汁，不用油炸也能吃到美味的鸡排了，再浇上鸡汤，这便是一碗鲜味十足的汤面条。

鲜嫩爽滑
香菇鸡丝面

🕐 45分钟　🍜 简单

主料

鲜面条150克·鸡胸肉100克·鲜香菇80克

辅料

料酒2茶匙·淀粉2茶匙·蚝油1汤匙·生抽1汤匙
盐1克·白糖1克·植物油1汤匙·葱花2克

营养贴士

香菇有特殊的香气，不仅味道鲜美，还富含B族维生素和多种微量元素，有"植物皇后"的美称。

做法

1 鸡胸肉洗净后切成细丝，鲜香菇洗净后切片待用。

2 鸡肉丝中加入料酒、淀粉，用手抓匀后腌制15分钟。

3 锅内加入植物油，烧至五成热时下入鸡肉丝，翻炒至其变色。

4 下入香菇片，继续翻炒至其变软，加入约500毫升热水。

5 加入蚝油、生抽、白糖、盐，大火烧开后继续煮15分钟。

6 面条放入沸水中煮熟后捞出，沥干水分，放入碗中。

7 将煮好的香菇鸡丝汤浇在面上，撒上葱花点缀即可。

烹饪秘籍

挑选新鲜香菇时要选择菌盖圆润完整、肉质肥厚、厚度一致的，背面的白色菌褶整齐无破损，菌柄粗短新鲜，大小均匀，闻起来有淡淡香味的。

有了香菇提味，普通的鸡胸肉也焕发出了新的光彩。虽然煮汤的时间并不长，但香菇的鲜美依旧让人吃过后唇齿留香，鸡肉中丰富的蛋白质也让营养更加全面，这样的一碗热汤面，便是补充体力的最好选择。

潮汕风味
紫菜鱼丸面

⏱ 25分钟　🍲 简单

主料

鲜面条150克·鱼丸50克·紫菜10克·球生菜30克
高汤800毫升

辅料

蒜末3克·姜末3克·植物油1汤匙·盐2克
白胡椒粉1克·葱花1克·香菜碎1克

营养
贴士

紫菜营养丰富，蛋白质含量要高于海带，是非常好的佐餐食材，特别是含有较多的胡萝卜素，对于维持皮肤和眼睛的健康都非常有帮助。

做法

1 鱼丸提前解冻，紫菜撕成小块，球生菜洗净后切成细丝。

2 锅里加入油，烧至五成热时下入蒜末、姜末爆香。

3 倒入高汤，煮沸后下入鱼丸，小火煮10分钟至鱼丸全部漂起后加入盐、白胡椒粉调味。

4 面条放入沸水中煮熟，捞出后沥干水分，装入大碗中。

5 将紫菜和生菜丝放在面条上，趁热浇上烧好的鱼丸汤。

6 撒上葱花和香菜碎点缀即可。

烹饪
秘籍

新鲜的、品质好的紫菜泡发后应呈现紫红色，如果产品名称标注为烤制紫菜，泡发后颜色通常为深绿色，这是因为高温会令藻红素分解。闻起来有腥臭味、一捏就碎的紫菜往往已经不新鲜了，在选购时要格外注意。

弹牙的鱼丸是全家老幼都爱吃的食物，圆滚滚的丸子让这碗面从视觉上就非常诱人，高汤的加入又极大地增添了香味，让普通的素面也有了另一番味道，足不出户便可尽享潮汕风味。

根根分明
银鱼龙须面

🕐 20分钟   🍲 简单

主料

龙须挂面150克 · 鸡蛋1个 · 银鱼100克
高汤700毫升

辅料

植物油2茶匙 · 盐2克 · 白胡椒粉1克 · 香菜碎1克

营养
贴士

银鱼富含蛋白质，钙含量也远超其他鱼
类，具有很高的营养价值，且体形小
巧，食用时不必去除头、鳍、内脏等，
非常方便。

做法

1 鸡蛋放入大碗中，打散成均匀的蛋液。

2 银鱼提前解冻，沥干水分待用。

3 锅里加入植物油，烧至五成热时倒入蛋液，摊成薄薄的蛋饼。

4 待蛋饼冷却后，切成同银鱼长度相仿的细丝。

5 龙须挂面放入沸水中煮熟，捞出后沥干水分，放入大碗中。

6 高汤煮沸，下入银鱼，煮2分钟后下入鸡蛋丝、加入盐、白胡椒粉调味。

7 将烧好的银鱼汤浇在面条上，撒上香菜碎点缀即可。

烹饪
秘籍

市面上出售的银鱼一般分为银鱼干和冰鲜银鱼两种，从操作的便捷性上看，冰鲜银鱼只需解冻清洗即可，不需要泡发，食用起来更为方便。挑选时要选择颜色洁白、通体透明、体长2.5～4厘米的为宜。

细如发丝的龙须面非常适合泡在宽宽的高汤里，浸满汤汁的面条变得绵软鲜美，一口下去十分满足。穿梭在其中的小银鱼和鸡蛋丝，更是为这碗面平添了一些生动，也让清淡的面条更加秀色可餐。

鲜美好滋味
海鲜汤面

🕐 40分钟　🍳 简单

主料

鲜面条200克·虾仁100克·鱿鱼100克
泡发木耳20克·泡发干贝50克·小白菜50克

辅料

小葱10克·生姜5克·植物油1汤匙·料酒2茶匙
白胡椒粉1克·生抽1汤匙·盐1克·香油1茶匙
高汤500毫升

营养贴士

鱿鱼是一种海洋软体动物，没有刺和骨，吃起来比较方便。鱿鱼的脂肪含量较高，往往被人误解胆固醇含量高，但鱿鱼中的胆固醇是高密度胆固醇，与禽、畜类脂肪中的低密度胆固醇结构不同，适量摄入并不会造成健康风险。

做法

1 虾仁解冻后剔除虾线，洗净，沥干水分；鱿鱼解冻后洗净并沥干水分，切成细丝。

2 木耳、干贝分别泡发后洗净，沥干水分；木耳切成细丝；干贝切厚片。

3 将处理好的虾仁、鱿鱼、干贝片放入碗中，加入料酒、白胡椒粉腌制10分钟。

4 小白菜、小葱分别洗净后沥干水分，切段；生姜去皮，洗净后切丝待用。

5 锅里加入植物油，烧至五成热时下入葱段、姜丝爆香，下入腌制好的海鲜，翻炒至其变色。

6 加入高汤，煮开后下入木耳丝和小白菜段，再次煮开后撇去表面浮沫，加入生抽、盐并搅拌均匀。

7 面条煮熟后捞出，沥干水分，装入大碗中。

8 将煮好的海鲜汤浇在面上，淋入香油即可。

烹饪秘籍

现在可以很轻松地买到冰鲜鱿鱼，选择也很多，除了整条鱿鱼外，还有单独的鱿鱼须、鱿鱼体出售，鱿鱼体易于切割，适合煮汤或者炒菜，鱿鱼须易于入味，适合涮锅或者烧烤。

用海鲜煮一碗热气腾腾的浓汤，浇在爽滑的面条上。海鲜可以自由搭配。自己下厨就是这样，可以放足食材，让每一口都带给你惊喜。

浓浓闽南味
沙茶面
⏱ 50分钟　🍲 简单

主料

碱水面150克·明虾100克·鱼丸60克·鱿鱼圈30克
绿豆芽50克·青菜50克

辅料

沙茶酱2汤匙·沙茶粉100克·花生酱100克
酱油2茶匙·白糖1茶匙·盐1克·蒜末5克·姜末3克
猪骨高汤1升·植物油2茶匙·辣椒油1茶匙

做法

1 明虾洗净，剔除虾线、去头、去壳；鱼丸、鱿鱼圈提前解冻后洗净待用；绿豆芽、青菜洗净后沥干水分待用。

2 将洗净的海鲜和蔬菜放入沸水中焯熟待用。

3 锅内加入植物油，烧至五成热时下入蒜末、姜末爆香，下入沙茶粉翻炒均匀。

4 调成小火后下入花生酱、沙茶酱、酱油、白糖、盐继续翻炒均匀。

5 倒入高汤，继续保持小火状态，接近沸腾时关火，加入辣椒油拌匀待用。

6 碱水面煮熟，过凉水后沥干水分，铺在碗底。

7 将煮熟的海鲜和蔬菜码放在面条上，浇上煮好的沙茶汤底即可。

烹饪
秘籍

1 沙茶粉和沙茶酱在煸炒时要注意把握火候，并且要不停地翻炒，以免煳锅，加入高汤后也要及时搅拌，煮好的汤底应是浓稠的米糊状。

2 花生酱要使用原味的，比较浓稠的花生酱在炒制前可以加入适量的清水化开后再使用，这样可以有效减少粘锅情况的发生。

去福建旅游，被闽南人的热情好客所感染，也被大街小巷里琳琅满目的海鲜所吸引。在这里，你可以每顿饭都吃到完全不重样的海鲜。北方人在大快朵颐的同时总觉得少了什么，这时候不妨来一碗沙茶面吧。浓浓的沙茶酱熬制的汤底，配上爽滑的面条，吃完整个人都舒坦了！

健康又营养

蛤蜊荞麦汤面

🕐 25分钟　🍜 简单

主料

荞麦面180克・新鲜蛤蜊150克

辅料

生抽3汤匙・蚝油1汤匙・盐1克・白糖2克
植物油1汤匙・蒜末5克・料酒2汤匙・小葱20克

营养
贴士

蛤蜊味道鲜美，营养丰富，是一种高蛋白、高钙、高铁、低脂肪的海产品，被誉为"天下第一鲜"，不仅可以单独食用，也可以作为其他食物的配菜，为菜肴增加鲜味。

做法

1 蛤蜊提前浸泡，除去沙子，洗净后沥干水分。

2 小葱洗净后切成段待用。

3 锅里加入植物油，烧至五成热时放入蒜末爆香。

4 下入蛤蜊，炒至其变色后下入小葱段，继续煸炒出香味。

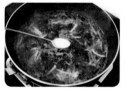

5 加入料酒、生抽、蚝油，拌匀后倒入约600毫升清水，大火煮开后加入盐、白糖调味。

6 荞麦面放入沸水中煮熟，捞出后过凉水，沥干水分后装入大碗中。

7 将煮好的蛤蜊汤浇在面条上即可。

烹饪
秘籍

在挑选鲜活蛤蜊时，要尽量选择有触角伸出的。市场上出售的鲜活蛤蜊通常沙子已经吐得差不多了，在烹饪前稍微浸泡一下并刷洗干净外壳即可。

小小的蛤蜊虽然其貌不扬，但却是煮汤时增鲜提味的高手，加入蛤蜊的清汤有着海产品的特殊香气，但却并不浓烈，不会在菜肴中喧宾夺主，比如这碗荞麦面，丝毫不会因为蛤蜊的加入而掩盖住荞麦的特殊香味。

风味独特

蚵仔面线

⏱ 40分钟　🥄 简单

主料

面线200克 · 蛤蜊100克 · 虾仁50克 · 鲜香菇20克
小白菜30克

辅料

虾干10克 · 土豆淀粉2汤匙 · 高汤800毫升
香菜碎2克 · 盐2克 · 蚝油1汤匙 · 生抽1汤匙
料酒2茶匙 · 白胡椒粉1克 · 植物油1汤匙

营养
贴士

虾仁富含蛋白质，而脂肪含量却比较低，且肉质细嫩，易于咀嚼和吞咽。虾仁中的磷、钙等矿物质元素还能促进儿童的生长发育。

做法

1 虾仁提前解冻，洗净后剔除虾线，沥干水分；蛤蜊、虾干分别提前泡发，洗净后沥干水分。

2 香菇洗净后切薄片，小白菜洗净后切细丝待用。

3 锅里加入植物油，烧至五成热时下入虾干、蛤蜊，煸炒出香味。

4 下入香菇片，继续炒至香菇变软，下入虾仁，翻炒至其变色。

5 加入高汤，烧开后加入盐、蚝油、生抽、料酒、白胡椒粉调味后下入面线。

6 再次烧开后加入小白菜丝，用小火煮沸。

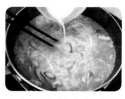

7 土豆淀粉中加入约100毫升清水，调成均匀的水淀粉，缓慢加入锅内，并边倒边搅拌。

8 继续用小火煮5分钟后盛出，撒上香菜碎即可。

烹饪
秘籍

如果一次购买的香菜吃不完，可以将变黄、烂掉的菜叶择净，洗干净后，将根部泡入清水中，便可以延长其保存时间。

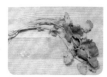

蛤蜊是沿海城市常见的食材，每个蛤蜊小小的，单独吃起来并不怎么过瘾，但聪明的当地人却能把蛤蜊巧妙地融入各种菜肴中，蚵仔煎、蚵仔面线便是这样的地道小吃。

鲜香可口
番茄牛腩米线

🕐 90分钟　🍳 中等

主料

泡发米线200克·牛腩200克·番茄300克

辅料

料酒1茶匙·葱段5克·姜片5克·八角3克·香叶2克
桂皮2克·植物油1汤匙·盐2克·香葱碎1克

营养
贴士

牛腩是低脂肪、高蛋白的肉类，且含有
人体所需的全部氨基酸。氨基酸是合成
蛋白质的重要物质，也是维持人体日常
代谢的必需营养元素。

做法

1 牛腩洗净后沥干水
分，切成2厘米见方的小
块；番茄洗净后去皮，
对半切开后去蒂，再将
其切成大块。

2 将牛腩放入锅中，加
入没过牛腩的凉水，大
火煮开后将牛腩捞出。

3 另起一锅，放入焯过
水的牛腩，加入没过牛
腩的清水，再放入料
酒、葱段、姜片、八
角、香叶、桂皮，大火
煮开后撇去浮沫，调成
小火继续煮1小时。

4 将煮好的牛腩块捞
出，拣去牛腩汤中的调
料待用。

5 炒锅内加入植物油，
烧至五成热时下入番茄
块，大火翻炒至出汁。

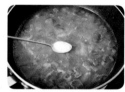

6 加入牛腩块、牛腩
汤，大火煮开后继续煮
15分钟，加入盐并拌匀。

7 泡好的米线放入沸水
中煮1分钟后捞出，沥干
水分，装入碗中。

8 将煮好的番茄牛腩汤
浇在米线上，撒上香菜
碎即可。

烹饪
秘籍

煮牛腩比较费时，可以提前将牛腩煮
好，分别将煮好的牛腩和牛腩汤密封
冷冻保存，等吃的时候拿出来解冻即
可，这样能节省不少时间。

番茄和牛腩这对完美的搭档，不仅可以呈现出色香味俱全的菜肴，也可以做出美味的汤面。但这一次，把面换成米线试试吧，爽滑的米线便不再只有麻辣一种口味，这便是烹饪的乐趣所在了吧！

吃得过瘾

开胃酸辣粉

🕐 25分钟　🍴 简单

主料

红薯粉条120克·猪肉末80克·小青菜30克
海带20克·猪骨高汤600毫升

辅料

植物油1汤匙·豆瓣酱1汤匙·蒜末5克
油泼辣子1汤匙·生抽2茶匙·花椒粉1克
白胡椒粉1克·醋1汤匙·花生米5克
榨菜碎2克·香菜碎1克

营养贴士

海带中含有丰富的多糖物质、维生素和矿物质，还非常低脂健康，也是补碘的优质食材。

做法

1 小青菜洗净后沥干水分，海带洗净后切成细丝，红薯粉条提前泡软。

2 将泡好的红薯粉条放入沸水中煮两三分钟至其变透明后捞出，放入冷水中浸泡冷却。

3 小青菜和海带丝依次放入沸水焯水，煮熟后捞出，沥干水分。

4 锅里加入植物油，烧至五成热时下入豆瓣酱、蒜末炒出香味。

5 下入猪肉末翻炒至其变色，加入猪骨高汤，大火煮沸。

6 将冷却好的红薯粉条捞出，沥干水分，放入大碗中，在铺上小青菜和海带丝。

7 放入剩余的调料，将烧开的汤底趁热浇在上面。

8 撒上花生米、榨菜碎和香菜碎即可。

烹饪秘籍

红薯粉条最好提前使用温水或者凉水浸泡，煮好后的粉条除了可以浸入冷水中冷却外，也可以用流动的清水冲洗一下，将其表面的淀粉糊洗掉，可以令其口感更加爽滑。

酸、辣、麻是这碗酸辣粉带给人们最初的味蕾体验，在品尝之后总会想：这样的美味是如何制作的呢？这里就来教给你！

念念不忘的小吃

麻辣米线

🕐 35分钟　🍴 简单

主料

米线150克 · 猪五花肉100克 · 白豆腐干150克
高汤600毫升 · 海带10克 · 豆腐皮10克 · 小青菜10克

辅料

豆瓣酱2汤匙 · 辣椒粉2汤匙 · 花椒粉1克 · 盐1克
料酒1汤匙 · 酱油1茶匙 · 蒜苗碎1克 · 香菜碎1克

> **营养贴士**
>
> 蒜苗有着特殊的香气，还富含辣素，有很好的杀菌作用，常食能起到一定的预防流感、驱虫的食疗功效。

做法

1 海带、豆腐皮洗净，切成细丝，小青菜洗净、沥干水分，米线提前泡软。

2 白豆腐干洗净后切成小丁；五花肉洗净后切成小丁，加入料酒、酱油腌制10分钟。

3 锅烧至五成热，放入五花肉丁，利用煸炒出的油脂将肉丁炸至微黄。

4 放入白豆腐干丁，继续炸至豆腐干金黄状态后放入豆瓣酱、辣椒粉，炒出香味后继续翻炒5分钟后关火。

5 另取一锅，加入清水煮沸，将泡好的米线放入沸水中烫30秒后捞出，放入大碗中。

6 再将豆腐皮丝、海带丝、小青菜也放入沸水中焯熟，捞出后沥干水分，放入碗中。

7 将烧好的辣酱放在米线上，再加入盐和花椒粉。

8 高汤煮开，将其浇在米线上，再撒上蒜苗碎和香菜碎即可。

烹饪秘籍

1 做麻辣酱的豆腐干要选用无味的白豆腐干，这样才能更好地吸收肉味和辣椒的味道。

2 炒五花肉的时候会炸出很多油脂，如果油脂量比较大，可以适当倒出一部分，留下足够炸豆腐干的就可以了，以免油脂摄入过多。

麻辣米线大概是最受人们喜爱的小吃了，不管是夜市还是路边摊，都能找到它的身影。每次看着小贩如行云流水般完成从煮米线、调味，再到浇汤的过程，都特别有食欲。当你在家人面前也露一手的时候，收获的就不仅仅是美味了，还有温暖。

销魂美味

麻辣血旺河粉

🕐 25分钟　🍲 简单

主料

泡发河粉180克 · 鸭血150克 · 香芹50克
高汤600毫升

辅料

植物油2汤匙 · 蒜末10克 · 姜末5克 · 辣椒段5克
花椒1茶匙 · 酱油2茶匙 · 豆瓣酱2茶匙 · 盐2克
五香粉1克 · 香菜碎2克

营养贴士

鸭血富含多种氨基酸及铁元素，这些都是人体造血过程中必不可少的物质，是女性、老人和贫血人士很好的补血食材，但"三高"人士应尽量少食。

做法

1 香芹洗净后切成段；鸭血洗净，切成长方形的块。

2 锅里加入1汤匙植物油，烧至五成热时下入花椒和辣椒段。

3 用小火煸出香味，将辣椒和花椒炸酥脆后捞出，控干油分后切碎待用。

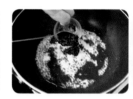

4 锅里倒入剩下的1汤匙油，烧至五成热时下入蒜末、姜末爆香，下入豆瓣酱并炒出香味。

5 加入高汤，大火烧开后下入鸭血块，调成小火煮3分钟。

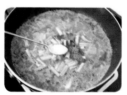

6 下入香芹段，再加入酱油、五香粉、盐并拌匀，再煮2分钟。

7 泡好的河粉放入沸水中煮熟，捞出后沥干水分，放入大碗中。

8 将煮好的血旺汤浇在河粉上，再撒上切碎的花椒辣椒碎和香菜碎即可。

烹饪秘籍

真鸭血呈暗红色，煮熟后有弹性，不会出现掉色的情况，而假鸭血颜色比较灰暗，里面会添加色素，水煮后会掉色，在购买时要注意分辨，以免买到劣质的鸭血。

将麻和辣发挥到淋漓尽致的麻辣血旺，是很受人欢迎的下饭菜，而河粉在人们的印象中是清淡口味的代表，将两者结合在一起是一次大胆的尝试。这次创新不仅能带给你一碗美味的主食，还让你的味蕾有了新的体验。

叉烧肉是正宗的港式小吃，百搭的味道和口感让它可以搭配任何主食，叉烧包、叉烧饭都是游客们必去打卡的美食。但没有汤的饭食总让人觉得意犹未尽，所以这一次把叉烧放进米粉里吧，大口喝汤，大块吃肉才是人生一大乐事！

港式风味

叉烧米粉

🕐 15分钟　🍳 简单

主料

干米粉120克·叉烧肉100克·高汤600毫升

辅料

生抽2茶匙·蚝油1茶匙·盐1克葱花2克

营养贴士

蚝油中富含微量元素和多种氨基酸，特别是锌元素的含量很高，而锌是人体必需的微量元素，对于人体的生长发育和免疫方面起着重要的作用，也能加速伤口的愈合。

做法

1 叉烧肉切片，米粉提前泡软。

2 高汤放入锅内再次加热待用。

3 将泡软的米粉放入沸水中煮七八分钟至熟，捞出过凉后沥干水分，放入大碗中。

烹饪秘籍

用高汤做汤底可以让米粉的味道更加鲜美，高汤的选择没有太多的限制，根据自己的喜好选择鸡肉高汤或者猪骨高汤都可以。

4 将生抽、蚝油、盐加入米粉中，浇上烧热的高汤后拌匀。

5 将切好的叉烧肉摆放在米粉上，并撒上葱花即可。

第二章
滋味拌面、
凉面

西北人的豪爽体现在生活的方方面面，在饮食上，简单粗放的油泼面便是他们的最爱，没有复杂的配料，只需将油烹熟浇在辣子面上，随着刺啦一声响，香气便飘满了整个厨房。

吃起来真舒坦

家常油泼面

⏱20分钟　🍲简单

主料

扯面200克·圆白菜50克·黄豆芽30克

辅料

辣椒粉2汤匙·五香粉1/2茶匙
盐1/2茶匙·生抽1茶匙·醋2茶匙
植物油2汤匙·蒜末3克·葱花3克

营养
贴士

经历了发芽的过程，黄豆中的蛋白质被水解为分子更小的氨基酸，相较于黄豆中的营养成分，更易于被人体吸收，也能有效缓解食用后的腹胀现象。

做法

1 圆白菜洗净后切成细丝，黄豆芽洗净后沥干水分待用。

2 锅内加入水，烧开后下入扯面，煮两开后下入圆白菜丝和黄豆芽。

3 再次煮开后将面条和蔬菜一起捞出，放入大碗中。

4 先加入生抽和醋，再将辣椒粉、五香粉、盐放在面条最上面，旁边放上蒜末和葱花。

5 炒锅中放入植物油，烧至七成热时，一次性将热油浇在辣椒粉、蒜末及葱花上即可。

烹饪秘籍

1 烧熟的热油一定要一次浇在面上，分次浇会导致最外层的辣椒粉被烧焦，影响口感。
2 用来做油泼面的面条没有太多限制，扯面、刀削面、拉条子、棍棍面等都可以。

简单的美味

葱油拌面

⏱ 15分钟　🍲 简单

主料

鲜面条150克

辅料

葱油1汤匙·生抽1汤匙·白糖1克
白芝麻1克·炸过的葱段3克

营养
贴士

芝麻虽小却营养丰富，其中的亚油酸
能够起到调节胆固醇的作用，维生素E
还能改善肤质。但芝麻中也含有大量
的脂肪，是常见的油料作物，所以应
尽量将芝麻作为铺料添加到食谱中，
以免过量摄入。

简单不等于不好吃，比如葱油拌面，没有过
多的配料和步骤，但就是让人无法忘怀。经过高温
烹制的小葱，将所有的香味都浓缩在那滚烫的热油
中，一勺油，一碗面，便是记忆中那永远的美味了。

烹饪
秘籍

葱油拌面制作简单，但是因为没
什么配菜，营养过于单一，以此
为主食时，可以搭配一些时令的
蔬菜和水果来均衡营养。

做法

1 面条煮熟后捞出，沥干水
分，装入大碗中。

2 加入生抽、白糖、葱油，
拌匀。

3 撒上白芝麻，点缀上炸过的
葱段即可。

化繁为简
豆豉拌面

🕐 25分钟　🍴 简单

主料

鲜面条200克·豆豉40克·黄瓜50克·胡萝卜30克

辅料

蒜10克·葱5克·白糖1克·白胡椒粉1克
植物油1汤匙

营养
贴士

黄瓜中富含水分和多种维生素，生食更利于其营养素的摄入和吸收，黄瓜中的膳食纤维和微量元素还能起到助消化及调节血压的作用。

做法

1 豆豉剁成碎末，黄瓜、胡萝卜洗净后切成细丝。

2 蒜去皮洗净后切成末；葱洗净，沥干水分，切成葱花待用。

3 锅里加入植物油，烧至五成热时下入豆豉末，用小火翻炒出香味。

4 加入蒜末、葱花继续翻炒1分钟，加入约50毫升清水，大火煮沸后调入白糖、白胡椒粉，拌匀后关火。

5 鲜面条放入沸水中煮熟，捞出，沥干水分，放入碗中。

6 将黄瓜丝和胡萝卜丝均匀码放在面条上，浇上炒好的豆豉酱，拌匀即可。

烹饪
秘籍

豆豉是由黑豆或黄豆发酵制成的，品质上乘的豆豉颜色多为棕红色，鲜艳而光泽，尝起来咸淡适中，有豆子的香气，入口酥软，没有其他异味。

豆豉的特殊味道赋予了这碗面与众不同的香味，不需要再搭配多么奢华的食材，只需要一些新鲜的蔬菜丝，便可以用多彩的颜色弥补豆豉色泽上的不足，找到那色、香、味的平衡点。

经典不重样
豆豉拌面线

🕐 30分钟　🥢 简单

主料

面线200克 · 球生菜30克

辅料

豆豉10克 · 蒜25克 · 植物油1汤匙 · 小葱5克
鱼露2茶匙 · 生抽2茶匙 · 蚝油1茶匙 · 白糖1克

做法

1 蒜洗净，去皮后切成细末；小葱洗净，去根后切成葱花；球生菜洗净，沥干水分后切成细丝。

2 鱼露、生抽、蚝油、白糖混合，加入约1汤匙清水，搅拌成均匀的酱汁待用。

3 锅里加入植物油，烧至三成热时，放入蒜末，用小火煎至蒜末边缘金黄后关火，利用余温将蒜末全部煎至金黄状态后盛出，沥干多余油脂。

4 将锅底剩余的油脂加热至五成热，下入豆豉、一半的葱花，炒香后倒入调好的酱汁，大火煮开后关火。

5 面线煮熟后放入凉水中冷却，捞出，沥干水分后放入碗中，摆上球生菜丝。

6 将炒好的豆豉酱汁浇在面线上，撒上炸好的金蒜末，在撒上剩余的葱花即可。

烹饪秘籍

蒜末切好后可以用清水冲洗一下，清洗掉其表面的黏液后再煎炸，蒜末就不会成团，令炸制状态不均匀。不过清洗后的蒜末一定要沥干水分，以免入油锅后溅起热油引起烫伤。

炸得金黄的蒜末没有了往常的辛辣呛口，跟豆豉的香味相辅相成，精心调制的酱汁包裹着细细的面线，入口后绵软鲜香，如果不加节制，吃上两三碗都没有问题。

浓浓芝麻香

豆豉麻酱榨菜面

🕐 20分钟　🍜 简单

主料

鲜面条150克

辅料

植物油2茶匙·芝麻酱50克·榨菜50克·豆豉2汤匙
蒜末10克·葱花2克·盐2克

营 养
贴 士

芝麻酱是高蛋白质、高钙的食材，特别
是其中的卵磷脂能够改善血液循环、降
低胆固醇，对于心脑血管疾病的预防有
着一定的积极作用。

做法

1 榨菜洗净，沥干水分，
切成细丝。

2 芝麻酱加入等量凉开
水、盐，用筷子顺着一个
方向搅拌成均匀的酱汁。

3 锅里加入植物油，烧
至五成热时下入蒜末
爆香。

4 再放入豆豉、榨菜，
翻炒2分钟左右，盛出
待用。

5 面条放入沸水中煮熟，
捞出后沥干水分，装入
大碗中。

6 将调好的芝麻酱汁浇
在面条上，再摆上炒好
的豆豉榨菜丝，撒上葱
花即可。

烹 饪
秘 籍

榨菜清洗掉表面的杂质后可以在清水
中浸泡半小时，以去除多余的盐分，
因为榨菜本身属于高盐的食物，用其
煮汤时可以不用再额外加入盐调味。

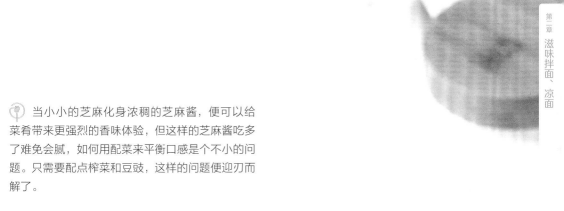

当小小的芝麻化身浓稠的芝麻酱，便可以给菜肴带来更强烈的香味体验，但这样的芝麻酱吃多了难免会腻，如何用配菜来平衡口感是个不小的问题。只需要配点榨菜和豆豉，这样的问题便迎刃而解了。

无法抵御的香味
菌香拌面

🕐 30分钟　🍳 简单

主料

碱水面150克 · 鲜香菇40克 · 口蘑40克 · 平菇40克

辅料

蒜末5克 · 洋葱末20克 · 高汤100毫升 · 植物油2汤匙
盐2克

营养
贴士

洋葱口感爽脆，富含硒、钾等矿物质元素，不仅能有效促进新陈代谢，还能提高人体免疫力，起到促进消化、延缓衰老的作用。

做法

1 鲜香菇、口蘑分别洗净，沥干后切成薄片；平菇洗净，沥干后用手撕成条。

2 锅里加入植物油，烧至七成热时下入洋葱末，翻炒至洋葱末金黄。

3 依次放入三种蘑菇，用中小火煸炒至水分蒸发，边缘焦黄。

4 下入蒜末，继续翻炒出香味后加入高汤。

5 烧开后加入盐，再烧一两分钟，至略收干汁水后关火。

6 碱水面煮熟后捞出，沥干水分，放入碗中。

7 将烧好的蘑菇酱汁浇在面条上，拌匀即可。

烹饪秘籍

1 煸炒洋葱末时油温要烧得比平时略高，这样洋葱末下锅后会立刻变得金黄，炒到金黄的洋葱末没有了辛辣口感，反而会带有丝丝甜味。

2 煸炒蘑菇时，要先放入质地软的蘑菇，再放质地硬的蘑菇，并且要将一种蘑菇的水分煸干后再放另一种蘑菇。

自带香气的蘑菇是各种菜肴爱用的调味料，将三种蘑菇集合在一起，便将这香味发挥到了极致。经过煸炒的蒜末和洋葱末又为其增添了另一番风味，在你大快朵颐的时候别忘了感谢大自然的美味馈赠。

地道好滋味
肉丝拌面

🕐 30分钟 · 🍲 简单

主料

面条150克·猪里脊100克·黄瓜50克

辅料

料酒2茶匙·淀粉2茶匙·植物油1汤匙·甜面酱1汤匙
白糖2克·盐2克·葱花1克·蒜末2克·姜末2克

营养贴士

猪肉中的蛋白质含量虽不及其他畜肉，脂肪含量也较高，但却能提供与人体生长发育有着密切关系的脂肪酸。并且猪肉富含B族维生素、血红素及促进铁吸收的半胱氨酸，是很好的补铁食物。

做法

1 猪里脊洗净后沥干水分，切成细丝，放入碗中，加入料酒、淀粉后拌匀，腌制10分钟。

2 黄瓜洗净后切成细丝待用。

3 锅内加入植物油，烧至五成热时下入蒜末、姜末爆香。

4 下入腌好的猪肉丝，翻炒至变色后，加入甜面酱、白糖和2汤匙水，大火烧开后调成小火，再煮1分钟后加入盐，拌匀即可。

5 面条煮熟后沥干水分，放入碗中，加入黄瓜丝，再加入烧好的肉丝酱并拌匀。

6 最后撒上葱花点缀即可。

烹饪秘籍

市售的甜面酱多为袋装或盒装，一般量都比较大，不能一次吃完，所以在取用时一定要使用干净、无油无水的餐具，以免污染了未食用的部分导致其发霉变质。没有吃完的部分也要密封好，放入冰箱冷藏保存，并尽快食用完毕。

甜面酱是北方人喜爱的酱料之一，它醇厚的味道非常适合和肉类搭配在一起，两者的鲜香相互融合，即使没有其他配料来提味，也让这碗面回味无穷。

香菇肉臊拌面

⏱ 30分钟 🍜 简单

主料

刀削面200克·猪肉末150克·泡发香菇100克
洋葱30克

辅料

干黄酱2汤匙·白糖1克·葱花1克·料酒1汤匙
蒜末2克·姜末2克·植物油1汤匙

营养贴士

干黄酱中的优质蛋白质更易被人体吸收，也能让菜品更加鲜美，并且黄酱中富含亚油酸和亚麻酸，能有效降低血液中的胆固醇，预防心脑血管疾病的发生。

做法

1 泡发香菇、洋葱分别洗净后，切成小丁。

2 锅里加入植物油，烧至五成热时下入蒜末、姜末、洋葱丁炒香。

3 加入猪肉末，炒至其变色后加入料酒、香菇丁，翻炒均匀。

4 加入干黄酱、白糖、约100毫升清水，大火煮开后转小火再煮10分钟后盛出待用。

5 刀削面放入沸水中煮熟后捞出，沥干水分后装入大碗中。

6 浇上烧好的肉臊酱，撒上葱花即可。

烹饪秘籍

洋葱的辛辣气味会让切洋葱的人忍不住流泪，可以将洋葱对半切开后在水中浸泡片刻，再拿出来切，并且在切洋葱时可以短时间屏住呼吸并快速将其切完。

用香菇和肉臊一起烧的拌面酱，要比普通的肉臊酱味道更加浓郁，也更下饭。如果你还在发愁做什么酱料来拌面，不妨试试这款香菇肉臊酱，它一定会带给你耳目一新的感觉。

小配角的大变身

榨菜肉末拌面

🕐 30分钟　🍴 简单

主料

鲜面条200克·榨菜80克·猪肉末150克

辅料

植物油2汤匙·酱油1汤匙·盐2克·白糖1克
葱花1克·姜末1克·白胡椒粉1克·料酒1汤匙
青尖椒1克·红尖椒1克·香油1茶匙

营养
贴士

榨菜经过腌制，盐分比较高，属于高钠
食物，不应食用过多。使用榨菜做配菜
时要减少盐量或者不放盐。

做法

1 榨菜洗净后切成碎末，青、红尖椒洗净后切成细圈待用。

2 猪肉末中加入姜末、白胡椒粉、料酒后拌匀腌制10分钟。

3 锅内加入植物油，烧至五成热时下入猪肉末，翻炒至变色。

4 加入榨菜末和青红椒圈，翻炒均匀后加入白糖、酱油和盐，翻炒均匀后盛出待用。

5 面条煮熟后捞出沥干水分，装入大碗中。

6 将炒好的榨菜肉末浇在面条上，淋上香油，撒上葱花即可。

烹饪秘籍

青红尖椒中的辣椒素含量很多，要避免皮肤或伤口直接接触，可以通过戴一次性手套的方式来隔绝。如果没有戴手套，在切辣椒之后要及时洗手，特别是不要在切辣椒后揉眼睛，以免带来刺激。

咸鲜可口的榨菜既下饭又经济，曾经是每家餐桌上的必备食品。而随着时代的进步和物质的丰富，小小的榨菜似乎已经没有了自己的立足之地。但其实榨菜是很好的调味剂，在冰箱里常备一些，便能和现有的食材搭配出不一样的味道。

豆瓣酱和甜面酱混合的特殊酱香是炸酱面带给人们的初体验，直到一口面下肚，那醇厚的香味才是其令人着迷的根源所在。简单的原材料，也没有赏心悦目的外表，但就是让人百吃不厌。

就好这一口
肉臊炸酱面

⏱ 30分钟　🥄 简单

主料
鲜面条150克・猪五花肉180克
豆腐干50克

辅料
料酒1汤匙・豆瓣酱1汤匙・甜面酱1茶匙
白糖1茶匙・盐2克・蒜末10克・葱
花15克・姜末5克・植物油1汤匙

营养贴士

豆腐干比豆腐水分更少，蛋白质的占比更高，特别是豆腐干中还含有脂肪、碳水化合物和磷、铁等多种人体所需的矿物质，所以豆腐干也有"素火腿"的美誉。

做法

1 五花肉剁成肉末，加入料酒拌匀；豆腐干切成小丁。

2 锅内加入植物油，烧至五成热，下入葱花、姜末爆香。

3 下入肉末，翻炒至变色后加入豆腐干丁并翻炒均匀。

4 再依次加入蒜末、豆瓣酱、甜面酱、白糖、翻炒均匀后加入200毫升水。

5 调成小火，继续烧10分钟至汤汁浓稠时，加入盐，拌匀后关火。

6 将面条煮熟后沥干水分，装入大碗中，浇上烧好的炸酱即可。

烹饪秘籍

1 做炸酱的肉最好选用五花肉，有肥有瘦才能做出肉香浓郁的炸酱，也可以将肉切成小肉丁来制作。

2 豆瓣酱和甜面酱的合理搭配才能让炸酱味道更好，不要随意更换或者舍去，口味清淡的人可以减少盐的用量。

简单好滋味
碎米芽菜拌面

🕐 30分钟　🥄 简单

主料

碱水面150克·猪肉末80克·芽菜50克
花生碎10克

辅料

植物油1汤匙·姜末2克·料酒1茶匙
生抽1茶匙·老抽1茶匙·醋1/2茶匙
白糖1克·辣椒油1茶匙·葱花2克

营养
贴士

花生中的脂肪含量很高，所以为了更加
健康科学地食用花生，尽量不要选择油
炸的烹饪方式，采取烘烤方式做熟的花
生，不仅口感酥脆，也没有额外摄入油脂
的顾虑，比较适合追求健康饮食的人们。

🍽 没有复杂的食材，也没有繁琐的步骤，这是一道
做起来非常简单的面条，但吃起来却异常鲜美。肉末
和芽菜烧制的酱料，将鲜香可口演绎得淋漓尽致，哪
怕是没什么厨艺的新手也能轻松做出美味来！

做法

烹饪
秘籍

1 辣椒油的用量可以
根据自己的口味酌
情增减，如果不能
吃辣也可以不放。

2 这道菜的配料中
盐分已经足够，
所以不需要再额
外添加盐。

1 锅里加入油，烧至五
成热时放入猪肉末。

2 待肉末变色后依次加
入姜末、老抽、料酒、
芽菜，翻炒均匀并盛出
待用。

3 面条煮熟后捞出，沥
干水分，放入比较大的
容器中。

4 调入生抽、醋、白糖、
辣椒油和炒好的芽菜肉
馅，用筷子拌匀。

5 将拌好的面条装入盘
中，撒上花生碎和葱花
点缀即可。

开胃又过瘾
麻辣豆干拌面

🕐 50分钟　🥄 简单

主料

鲜面条200克・白豆腐干150克・猪肉末50克

辅料

豆瓣酱1茶匙・香辣酱1汤匙・白糖1茶匙
料酒1茶匙・姜末1克・植物油1汤匙・花生碎5克

营养
贴士

糖为人体各项机能的正常运行提供了必
要的热能，但过量摄入糖仍会带来不小
的健康风险，所以每人每日糖的摄入量
应尽量控制在25克以内。

做法

1 猪肉末中加入姜末、料
酒，拌匀后腌制10分钟。

2 白豆腐干洗净后沥干
水分，切成小丁。

3 锅里加入植物油，烧
至五成热下入猪肉末，
翻炒至变色。

4 加入豆瓣酱、香辣酱、
白糖，翻炒均匀。

5 下入豆腐干丁，翻炒
均匀后加入约100毫升
清水，大火烧开。

6 调成小火，继续烧10
分钟至收干汁水。

7 面条放入沸水中煮熟，
捞出后沥干水分，放入
碗中。

8 浇上烧好的酱料，撒
上花生碎，拌匀即可。

烹饪
秘籍

高品质的豆瓣酱整体颜色呈红褐色，有油光，蚕豆颗粒饱满，入口
软糯，并带有明显的酱香，虽然辣味突出，但仍有回甘。而颜色灰
暗，豆子偏硬，香味比较淡或者有异味的豆瓣酱往往品质不高或不
新鲜了。

豆干筋道有嚼劲，有着豆制品独特的香味，香辣酱和豆瓣酱又恰到好处地为豆干增加了味道。零星的肉末和花生碎的点缀，不仅让酱料更加出彩，也让普通的面条吃起来开胃又过瘾。

万能辣酱

八宝辣酱拌面

🕐 25分钟　🥄 简单

主料

鲜面条150克·猪肉末100克·泡发虾干20克
冬笋丁50克·泡发香菇30克·油炸花生米50克
白豆腐干50克

辅料

植物油1汤匙·蒜末3克·姜末3克·料酒1汤匙
生抽2汤匙·白糖1茶匙·辣椒酱1汤匙·盐2克
白芝麻1克·葱花1克

做法

1 虾干和香菇提前泡发，洗净后切成小丁；冬笋、白豆腐干洗净后切成小丁。

2 锅里加入植物油，烧至五成热时下入蒜末、姜末爆香，下入虾干丁炒出香味。

3 再下入猪肉末，炒至其变色后加入料酒并炒匀。

4 依次下入冬笋丁、香菇丁、白豆腐干丁，翻炒均匀后加入生抽、白糖、辣椒酱，再加入约50毫升清水。

5 翻炒均匀后加入油炸花生米，再加入盐调味。

6 鲜面条放入沸水中煮熟后捞出，沥干水分，装入大碗中。

7 将烧好的八宝辣酱浇在面条上，撒上白芝麻和葱花即可。

烹饪秘籍

新鲜的冬笋会有涩味，在煮汤前可以提前焯一下水，能有效去除涩味，也不会影响汤的口感。

八宝辣酱的配料很丰富，这便让它有了足够的鲜味而能成为一款万能酱料。每次炒辣酱的时候都可以多做一些储存起来，吃的时候直接拿出来配白粥、馒头或者面条，这样便能给忙碌的生活节约不少的时间。

缤纷的色彩
彩椒牛肉拌面

🕐 30分钟 🥄 简单

主料

鲜面条150克·牛里脊100克·青椒50克
红椒50克·黄椒50克

辅料

植物油1汤匙·蒜末5克·葱花5克·料酒1汤匙
黑胡椒粉2克·淀粉2茶匙·蚝油1汤匙
生抽1茶匙·盐2克

营养
贴士

彩椒中含丰富的维生素A、B族维生
素、维生素C、多种矿物质等营养素，
特别是其中维生素的综合含量远高于其
他蔬菜。

做法

1 牛里脊洗净后切成小
丁，加入料酒、黑胡椒
粉、淀粉后拌匀，腌制
10分钟。

2 青椒、红椒、黄椒分
别洗净后沥干水分，切
成小丁待用。

3 锅里加入植物油，烧
至五成热时下入蒜末、
葱花爆香，加入牛里脊
粒翻炒至变色。

4 下入彩椒粒，快速翻
炒均匀，加入蚝油、生
抽、盐调味后盛出待用。

5 鲜面条放入沸水中煮
熟，捞出后沥干水分，
装入大碗中。

6 将烧好的彩椒牛肉浇
在面上即可。

烹饪
秘籍

1 除了用彩椒这样的甜椒制作这道
菜，嗜辣的人也可以选择用尖椒来
做这道菜。

2 新鲜的彩椒颜色鲜亮，闻起来有瓜
果香，吃起来口感偏甜，非常爽
脆。存放时间久的彩椒颜色暗淡，
果肉按起来偏软，没有弹性，在挑
选时要注意辨别。

用色彩丰富的蔬菜来烹饪菜肴，通过视觉上的吸引力来调动食欲，是对付不爱吃菜的小朋友的妙招。碰上这样让人头疼的孩子，家长们不必苦恼，换个方式做菜，就能彻底改掉他们挑食的小毛病。

名菜做臊子
土豆牛腩面

🕐 50分钟　🍲 简单

主料

鲜面条200克·土豆150克·牛腩200克·小白菜30克

辅料

姜片8克·白糖5克·冰糖5克·八角2克·桂皮1克
酱油1汤匙·干辣椒1克·盐2克·葱花2克

营养贴士

土豆的营养成分非常全面，富含维生素C、B族维生素、膳食纤维、多种矿物质等，被称为"十全十美的食物"。但炸、煎等烹饪方式会令土豆吸附大量的油脂，吃起来并不健康。想要土豆发挥其优势，就要摒弃不健康的烹饪方式。

做法

1 土豆洗净后去皮，切滚刀块；牛腩洗净后沥干水分，切成跟土豆差不多大小的块。

2 牛腩冷水入锅，烧开后再煮1分钟捞出，沥干水分待用。

3 另起一锅，小火烧热后放入白糖，翻炒至糖融化、出现气泡、颜色变深。

4 倒入牛腩块，翻炒上色后加入除盐和葱花外的其他调料，再倒入约200毫升清水。

5 倒入土豆块，翻炒均匀后大火烧开，调至小火，盖上锅盖焖30分钟后加入盐并拌匀。

6 鲜面条放入沸水中煮熟，在煮面的同时将小白菜一同下入煮熟。

7 将煮好的面条和小白菜捞出，沥干水分，浇上烧好的土豆牛腩，撒上葱花即可。

烹饪秘籍

土豆在温暖的季节里容易出芽，为了防止土豆发芽，可以将土豆放在阴凉通风处先晾上几天，再将土豆一层层放入纸箱中，每层土豆间可以撒些细土，并在箱子里放上一两个青苹果，这样便可以有效预防土豆发芽了。

每到秋冬季，最爱吃的菜非土豆烧牛腩莫属了。软糯的土豆加上多汁的牛腩，每一口都让人回味无穷。土豆烧牛腩不仅是很好的下饭菜，作为面条的浇头也非常美味！

麻辣下饭菜

干煸牛肉拌面

⏱ 35分钟 · 🍳 简单

主料

鲜面条180克 · 牛里脊120克 · 麦芹60克

辅料

植物油2汤匙 · 姜5克 · 葱白5克 · 干辣椒2克
豆瓣酱2茶匙 · 辣椒粉5克 · 花椒粉2克 · 醋1茶匙
料酒1茶匙 · 白胡椒粉1克 · 生抽2茶匙 · 白糖2克
盐1克 · 白芝麻1克

营养贴士

芹菜中富含维生素和铁、磷等矿物质，特别是其中的膳食纤维含量很高，不仅有较强的饱腹感，还能有效促进消化，是非常好的减肥蔬菜。

做法

1 牛里脊洗净后沥干水分，切成细丝，加入料酒、白胡椒粉、1茶匙生抽拌匀，腌制10分钟。

2 麦芹洗净后切成段，姜、葱白、干辣椒切成细丝待用。

3 锅里加入植物油，烧至七成热时倒入牛肉丝，大火煸出牛肉中的水分，至肉丝颜色变深、质地变硬。

4 调至中火，下入姜丝、葱丝、辣椒丝，炒出香味。

5 加入豆瓣酱，炒匀后再加入辣椒粉，继续炒出红油。

6 加入醋、白糖、盐、1茶匙生抽，拌匀后下入麦芹段，翻炒均匀后加入花椒粉和白芝麻拌匀。

7 面条放入沸水中煮熟，捞出后沥干水分，装入大碗中。

8 将炒好的干煸牛肉浇在面条上即可。

烹饪秘籍

炒牛肉时的油量一定要足够，没过牛肉的油量才能保证牛肉口感的嫩滑，也能有效防止牛肉粘锅。尽量避免使用平底锅来烹饪，那样会更加费油，可以选择比较深，底部有弧度的炒锅来制作。

干煸牛肉的麻辣口感让其当之无愧地坐上超级下饭菜的宝座。干煸后的牛肉干香有嚼劲，但仍保留了部分水分，不会出现又干又柴咬不动的情况。旺火宽油便是这道菜的秘诀，掌握对了方法，你也可以在家中尝到饭店里才能吃到的味道。

颗粒分明

香芹牛肉末拌面

🕐 25分钟 🍲 简单

主料

鲜面条150克 · 西芹150克 · 牛肉末100克

辅料

植物油1汤匙 · 姜末2克 · 蒜末5克 · 料酒1汤匙
干辣椒段2克 · 干花椒1克 · 白胡椒粉1克
生抽1汤匙 · 蚝油2茶匙 · 盐2克

做法

1 西芹洗净后去除老根，
切成小丁；牛肉末加入料
酒、白胡椒粉拌匀。

2 锅里加入植物油，烧至
三成热时下入干辣椒段、
干花椒，用小火炸香。

3 将辣椒段和花椒捞出
后丢弃，再放入蒜末、
姜末炒香。

4 下入牛肉末，翻炒至
其变色后下入西芹丁，
翻炒均匀。

5 调入生抽、蚝油、盐后
继续翻炒，至西芹变软至
半透明状后盛出待用。

6 鲜面条放入沸水中煮
熟，捞出后沥干水分，
放入大碗中。

7 将炒好的西芹牛肉末
浇在面条上拌匀即可。

烹饪
秘籍

牛肉末可以自己用料理机来打，这样
便于掌控肥瘦度，不要加入太多的肥
肉，这样会令打好的肉末比较腥，将
肥肉控制在两三成即可。

把西芹和牛肉统统切碎了再炒，算得上是一次勇敢的尝试。这样的做法更易入味，作为拌面酱也再合适不过了。如果你还在发愁怎么搭配西芹和牛肉，不如试试这个方法吧。

吃完鱼再吃面
剁椒鱼片拌扯面
🕐 30分钟　🍳 简单

主料

宽扯面150克·草鱼200克

辅料

植物油1汤匙·剁椒酱1汤匙·蒜末5克·姜末5克
葱段5克·姜丝5克·白胡椒粉1克·盐1克
料酒1汤匙·淀粉2茶匙·香菜碎2克

草鱼含有丰富的蛋白质，特别是谷氨酸
的含量很高，而谷氨酸不仅仅可以让食
物味道鲜美，也是保证人体机能正常的
基本氨基酸之一，还对婴幼儿的智力发
育有着积极的促进作用。

做法

1 草鱼去鳞，掏去内脏，
洗净后沥干水分，斜切
成厚片。

2 鱼片中加入白胡椒粉、
盐、料酒、淀粉，用手
抓匀后腌制10分钟。

3 锅里加入植物油，烧
至五成热时下入蒜末、姜
末、剁椒酱，炒香待用。

4 取一个有深度的大
盘，铺上葱段和姜丝。

5 将腌好的鱼片铺在上
面，再浇上炒好的剁椒
酱，放入烧开的蒸锅蒸
10分钟。

6 宽扯面放入沸水中煮
熟，捞出后沥干水分，
放入大碗中。

7 将蒸好的鱼肉和鱼汤
浇在面上，撒上香菜碎
即可。

烹饪
秘籍

草鱼同海水鱼相比，难免会有一些土腥味，为了让做好的草
鱼味道更鲜美，在烹饪前可以将其放在淡盐水中浸泡一段时
间，并且在鱼头下方用刀切开，将鱼身两侧的腥线剔除，便
可以减少腥味了。

剁椒鱼头在家里做会有些不方便，改良成剁椒鱼片也是一样美味。搭配刚出锅的面条，鱼肉鲜嫩、面条筋道，是亲朋聚餐时的不二选择。快来亲自尝试一下，让大家一起赞赏你的厨艺吧！

麻、辣兼顾的美味
麻辣鱿鱼拌面

🕐 30分钟　👐 简单

主料

棍棍面150克·鱿鱼须200克·西芹60克

辅料

植物油1汤匙·豆瓣酱3汤匙·蒜末5克·花椒2克
干辣椒5克·生抽2茶匙·盐1克·白糖1克
料酒1汤匙·香菜碎2克·白芝麻1克

鱿鱼热量低且富含蛋白质，健身人士可
以放心食用，并且鱿鱼中富含牛磺酸，
对人体的神经系统及视力发育都有着非
常重要的作用。

做法

1 西芹洗净后切成段。

2 鱿鱼须洗净后沥干水
分，加入料酒拌匀后腌
制10分钟。

3 锅里加入植物油，烧
至三成热时放入花椒、
干辣椒，调成小火，炸
出香味。

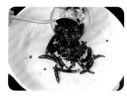

4 放入蒜末炒香，下入
豆瓣酱并翻炒均匀。

5 依次下入西芹段和鱿
鱼须，小火煸炒至鱿鱼
须微焦。

6 加入生抽、白糖、盐
和约2汤匙清水，大火翻
炒均匀后关火待用。

7 棍棍面放入沸水中煮
熟，捞出，沥干水分，
装入大碗中。

8 将烧好的鱿鱼须倒在
面条上，撒上白芝麻和
香菜碎即可。

烹饪
秘籍

鱿鱼外层有一层黑膜，在清洗时一定要剥去，否则会很腥，也
影响口感。

这碗面的灵感源自川味干锅。煸得焦香的食材和火热的麻辣味觉体验，让每个尝过它的人都连呼过瘾。如果你还对这样重口味的菜肴心存疑虑，不妨从这碗面开始吧，它一定会带给你一种全新的体验。

提起四川美食，人们首先想到的一定是火锅。火锅虽然美味，但吃多了也容易上火。如果你也对麻和辣情有独钟，在嘴馋的时候，不妨给自己做一碗担担面吧！

川味的精髓

担担面

🕐 30分钟　🥄 简单

主料

细面条150克·猪肉末150克

辅料

大葱末20克·蒜末5克·姜末5克
料酒1汤匙·芝麻酱2茶匙
蚝油1茶匙·酱油1/2茶匙·白糖2克
盐2克·花椒粉1茶匙·辣椒粉1茶匙
白芝麻1克·植物油2汤匙·花生碎2克
小葱末2克

营养贴士

花椒味道特殊，能有效为肉类除腥，当其作为调料入菜时，还能刺激唾液分泌，有效增加食欲。

做法

烹饪秘籍

1 煮面的同时可以顺便煮上一小把青菜，既能增加面条的色彩，也能均衡营养。

2 最后点缀的花生碎，也可以根据自己的口味换成炸黄豆、白芝麻或者榨菜末，都别有一番风味。

1 将芝麻酱、蚝油、酱油放入碗中，再加入1汤匙水调匀成酱汁待用。

2 辣椒粉和白芝麻混合放入耐热碗中，将1汤匙植物油烧热后浇到辣椒粉上，调成油泼辣子。

3 锅内加入剩下的1汤匙油，烧至五成热时放入大葱末、蒜末、姜末爆香。

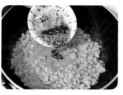

4 再倒入猪肉末、料酒、花椒粉翻炒均匀，待猪肉末变色熟透后倒入调好的酱汁和油泼辣子。

5 调成小火，待汁水收干后加入盐、白糖并拌匀，盛出待用。

6 面条煮熟后，沥干水分，盛入碗中，浇上烧好的肉酱，撒上花生碎和小葱末即可。

特殊的吃法

蒜蘸面

🕐 15分钟　🥄 简单

主料

宽面片150克

辅料

植物油2汤匙 · 蒜蓉15克 · 辣椒粉25克
干豆豉1茶匙 · 白芝麻1茶匙 · 醋1汤匙
生抽2茶匙 · 盐1克 · 白糖1克

营 养
贴 士

大蒜中除了含有丰富的蛋白质，还富
含硫化物，能有效杀菌、抑菌，所以
也被誉为"植物性天然广谱抗生素"。

💡 中国菜从来不缺新鲜食材，也从不缺新鲜的吃
法。比如这样一款需要蘸料吃的面条，一定会让第
一次品尝的人感到意外。它辛辣味道给味蕾带来的
冲击，让每一个吃过的人都深深地爱上了它。

第二章

滋味拌面、凉面

做法

烹 饪
秘 籍

根据研磨精度分，辣
椒粉有粗粒状的，也
有粉末状的。在制作
这款蘸料时，最好选
择颗粒较粗的辣椒
碎，含有部分辣椒子
的更好，这样油泼上
去会非常香。

1 将蒜蓉、辣椒粉、干
豆豉、白芝麻、盐、白
糖依次放入碗中混合。

2 植物油倒入锅内，烧
至七成热，一次性浇在
混合的调料粉中，并用
筷子搅拌均匀。

3 趁热加入醋、生抽，
搅拌成均匀的料汁待用。

4 宽面片放入沸水中煮
熟，捞出放入碗中，再倒
入没过面片的面汤防粘。

5 将面条和料汁一起上
桌，夹取面片蘸上料汁
食用即可。

换个方法吃米线
麻辣干拌米线

🕐 20分钟 🥄 简单

主料

泡发米线150克 · 黄瓜50克 · 胡萝卜50克

辅料

生抽1汤匙 · 醋1茶匙 · 蚝油1茶匙 · 白糖2克
盐2克 · 红椒圈1克 · 香菜碎2克 · 白芝麻1克
花生米2克 · 香油1/2茶匙 · 辣椒粉2茶匙
五香粉1克 · 植物油1汤匙

营养
贴士

米线含有丰富的碳水化合物、维生素及矿物质，能提供日常所需的能量，但因为米线中的能量多来自淀粉，在食用时就需要搭配一些时令蔬菜和肉类来补充蛋白质、膳食纤维等均衡营养。

做法

1 黄瓜、胡萝卜洗净后沥干水分，切成细丝待用。

2 辣椒粉、五香粉、白糖、盐、白芝麻放入碗中混合均匀。

3 植物油放入锅内烧至七成热，将烧热的油一次性倒入辣椒粉中，并用筷子搅拌均匀。

4 将醋、生抽、蚝油加入泼好的辣椒油中，搅拌均匀待用。

5 将泡好的米线放入沸水中，烫1分钟后捞出，沥干水分，放入尺寸合适的容器中。

6 加入黄瓜丝、胡萝卜丝，再倒入调好的料汁，搅拌均匀。

7 将拌好的米线盛入碗中，撒上香菜碎、花生米、红椒圈点缀，再淋上香油即可。

烹饪
秘籍

干制的米线在食用前需要充分浸泡，将米线放入足够大的盆中，用热水浸泡20分钟左右即可。也可以在水中滴上一些食醋，可以起到加速软化的作用。

在大部分人的印象中，米线都是和汤底一同出现的。其实对于将米线作为主食的南方人来说，米线的吃法多种多样，而干拌米线便是其中很特别的存在。顺滑的米线在麻辣料汁的搭配下显得更加筋道，如果是夏天，将料汁冰镇一下再拌入，那绝对是解暑的美食呀！

辣得过瘾

麻辣凉面

🕑 25分钟　🥄 简单

主料

面条150克

辅料

辣椒粉1汤匙·五香粉1克·花椒粉1克·豆豉5克
花生碎2克·白芝麻1克·盐1/2茶匙·白糖1/2茶匙
生抽2汤匙·醋2汤匙·蚝油1汤匙·蒜末3克
葱花2克·小米椒2克·植物油2汤匙

──┤ 营 养 贴 士 ├──

花生仁富含蛋白质、脂肪、多种维生素
及矿物质，特别是含有人体所需的八种
氨基酸及不饱和脂肪酸，能够有效促进
脑细胞的发育，对儿童的生长发育很有
益处。

做法

1 小米椒切成细圈，放
入碗中，加入蒜末和
葱花。

2 辣椒粉、五香粉、花
椒粉、豆豉、花生碎、
白芝麻混合均匀。

3 锅里加入植物油，烧
至八成热后分别浇到小
米椒混合物和辣椒粉混
合物中，并搅拌均匀。

4 将炝好的小米椒蒜末
葱花混合物倒入油辣子
中，再依次加入盐、白
糖、生抽、醋、蚝油，
用筷子拌匀待用。

5 将面条煮熟，捞出后
放入冷水中冷却，沥干
水分后放入碗中。

6 将拌好的酱汁浇到面
条上，用筷子拌匀即可。

烹饪秘籍

用油泼调料的时候，油一定要烧到足
够热，才能更好地激发调料的味道，
令其更香。将手掌打开，放在距离油
锅15厘米的地方，能明显感觉到炙
手，且油面出现大量烟时，便可以关
火，等待片刻至烟散去时，就可以一
次浇入准备好的调料中了。

炎炎夏日里没有什么比一碗凉面吃起来更应景的了。特别是麻辣口味的凉面，辣得过瘾、麻得痛快，就算会吃得满头大汗也没有关系。开一瓶冰镇的汽水或啤酒，和朋友或家人举杯共饮，这便是最鲜活的生活气息了。

简单易做

时蔬凉面

🕐 30分钟　　🍲 简单

主料

鸡蛋面150克·黄瓜60克·胡萝卜50克
绿豆芽30克·鸡蛋1个

辅料

植物油2茶匙·生抽2汤匙·蚝油1茶匙·醋1茶匙
盐1克·白糖1克·葱花1克

做法

1 黄瓜、胡萝卜分别洗
净后切成细丝；绿豆芽
洗净，沥干水分。

2 鸡蛋打入碗中，打散
成均匀的蛋液；将除了
葱花以外的所有调料混
合，调成均匀的料汁。

3 平底锅中加入植物
油，烧至五成热，倒入
蛋液，摊成蛋饼，冷却
后切成细丝。

4 绿豆芽、胡萝卜丝依
次放入沸水中，焯水1分
钟后捞出，放入冷水中
冷却，捞出，沥干水分
待用。

5 鸡蛋面放入沸水中煮
熟，捞出后放入冷水中
冷却，捞出沥干水分，
放入大碗中。

6 将调好的料汁浇在面
上并拌匀，再均匀码放
上胡萝卜丝、黄瓜丝、
绿豆芽和鸡蛋丝，撒上
葱花点缀即可。

烹饪
秘籍

要挑选颜色翠绿、粗细均匀、手感硬
实的黄瓜，用手指轻掐黄瓜，手感脆
嫩，有水分流出的说明比较鲜嫩。

凉面不仅好吃，也非常好做，更是炎炎夏日逃离闷热厨房的最好选择。几样素菜、几味调料，简单一拌，便做成了美味的一餐。约三五好友，配上啤酒烤肉，就是夏日最好的时光。

翡翠麻酱凉面

🕐 30分钟　🥄 简单

主料

菠菜面150克·黄瓜30克·胡萝卜30克·绿豆芽30克

辅料

芝麻酱2汤匙·蒜5克·盐2克·白糖1克·蚝油1茶匙
生抽1茶匙·辣椒油1茶匙·白芝麻1克·香菜碎3克

营养贴士

白芝麻中除了含有丰富的油脂和蛋白质，还有卵磷脂等天然抗氧化物。卵磷脂可以有效调节人体中的胆固醇，起到保护心脏的作用，降低高脂血症及冠心病的发病率。

做法

1 黄瓜、胡萝卜分别洗净后切成细丝；绿豆芽洗净，放入沸水中焯熟，沥干水分待用。

2 蒜洗净、去皮，用压蒜器压成蒜泥，放入碗中。

3 蒜泥中加入盐、白糖、加入约2汤匙凉开水，搅拌至调料化开。

4 在蒜水中加入芝麻酱，用筷子顺着一个方向搅拌至芝麻酱和水融合成均匀的酱汁。

5 加入蚝油、生抽、辣椒油并拌匀待用。

6 菠菜面煮熟后过凉水，沥干水分，放入碗中。

7 将调好的麻酱汁浇在面条上，再码放上蔬菜丝，撒上白芝麻、香菜碎点缀即可。

烹饪秘籍

芝麻酱要尽量选用"纯芝麻酱"，在购买时可以仔细查看配料表，非纯芝麻酱的配料表里一般还含有花生。也可以通过价格来判断，纯芝麻酱价格往往要高于非纯芝麻酱。

凉面的做法有很多种，其中麻酱凉面的味道最为独特。研磨细腻的芝麻酱汁，搭配辛辣刺激的蒜泥，包裹着每一根爽滑筋道的面条，配上时令蔬菜，吸溜一口，便是夏日里最大的满足。

可口滋味

银芽菠菜凉面

🕐 20分钟　🥄 简单

主料

鲜面条150克·绿豆芽50克·菠菜50克
油炸花生米5克

辅料

生抽1汤匙·醋1茶匙·蒜蓉5克·香油1茶匙
盐2克·白糖1克·香菜碎1克

营养
贴士

绿豆在发芽过程中，维生素C会增加，
部分蛋白质会分解为人所需的氨基酸，
因此营养价值比绿豆更高。

做法

1 菠菜、绿豆芽洗净，
依次放入沸水中分别焯
水30秒，捞出后立即放
入冷水中冷却。

2 待冷却后，将菠菜捞
出，沥干水分后切成
段，绿豆芽捞出，沥干
水分待用。

3 鲜面条放入沸水中煮
熟后捞出，放入冷水中
浸泡冷却，捞出并沥干
水分，放入大盆中。

4 放入绿豆芽、菠菜、
油炸花生米，再加入除
香菜外的所有调料。

5 将面条和调料拌匀后
装入碗中，撒上香菜碎
即可。

烹饪
秘籍

1 挑选菠菜要选择鲜嫩的，红色根部
短小，茎部结实，叶片边缘整齐、
大且肥厚的菠菜比较好。
2 焯水后的菠菜要放入冷水中浸泡冷
却，这样做可以保持其鲜艳的颜色
和爽脆的口感。

炎热的夏季，似乎看到什么都没有胃口。这时候的餐桌上最需要的就是凉爽可口的凉面啦。搭配新鲜翠绿的时鲜蔬菜，不需要太繁琐的步骤，用拌凉菜的方法一起将面条也拌好就可以啦。

各类影视剧的热播带火了一大波美食。追星族看到的是"爱豆"，而吃货们看到的却是美食，并且寻思着怎样复制。如果你也有这样的爱好，那快来试试这款曾经出现在《夏洛特烦恼》中的经典面食吧！

电影同款

茴香云丝面

🕐 20分钟　🍽 简单

主料

细挂面100克·鲜茴香30克·葱花2克
鸡蛋1个

辅料

植物油2茶匙·盐2克·生抽1汤匙

营养贴士

新鲜茴香颜色鲜绿，富含B族维生素和胡萝卜素，再加上其特殊的香气，不仅能刺激食欲，和肉类搭配还能有效除腥。

做法

1 鲜茴香洗净、去根后切成小段；鸡蛋打入碗中，打散成均匀的蛋液。

2 锅里加入植物油，烧至五成热时倒入蛋液，用锅铲炒散成小块。

3 下入茴香段，翻炒均匀后加入约2汤匙水，再加入生抽、盐调味。

4 细挂面放入沸水中煮熟，过凉水冷却后捞出，沥干水分，装入大碗中。

5 将炒好的茴香鸡蛋浇在面上，拌匀后撒上葱花即可。

烹饪秘籍

1 新鲜的鸡蛋蛋壳完整，用手轻摇没有异响，拿着鸡蛋对着阳光，可以看到整个鸡蛋呈现半透明的微红色，蛋黄的轮廓清晰可见。
2 鸡蛋要保存在通风阴凉处，一次不要购买太多，食用不完的鸡蛋要放入冰箱冷藏保存。

酸辣的诱惑
海苔荞麦冷面

🕐 45分钟　🍴 简单

荞麦面即使长时间泡在汤里也不会变软，依旧能保持筋道爽滑的口感，这就让荞麦面能够变化出更多的制作花样。不过在众多的种类里，还是冰冰凉凉的荞麦冷面最受人欢迎！

主料

干荞麦面150克 · 海苔5克
白芝麻3克

辅料

醋3汤匙 · 生抽2汤匙 · 白糖1克
盐1克 · 辣椒油1汤匙

营养贴士

干燥的海苔富含蛋白质及多种矿物质，但碳水化合物含量也较高，因此不宜吃得太多，以免摄入过多的热量。将少量海苔作为菜肴的点缀则不失为一种很好的搭配方式。

做法

1 干荞麦面放入冷水中浸泡30分钟，海苔剪成碎条状待用。

2 将泡好的荞麦面放入沸水中煮熟后捞出，过凉，沥干水分后放入大碗中。

烹饪秘籍

海苔极易受潮，在保存时要格外注意，要密封保存在干燥的环境中。如果海苔已经受潮，可以放入烤箱，低温烘烤几分钟。

3 将醋、生抽、白糖、盐、辣椒油放入大碗中，再加入约200毫升凉开水，搅拌均匀。

4 将调好的汤汁浇在荞麦面上，撒上海苔碎和白芝麻即可。

清清爽爽

老干妈鸡丝凉面

⏱ 55分钟　🥄 简单

主料

菠菜面200克·鸡胸肉150克·胡萝卜50克
黄瓜50克

辅料

老干妈酱1汤匙·醋1茶匙·蚝油1茶匙·白糖1克
盐1克·葱花2克·料酒1汤匙·白胡椒粉2克
香油1茶匙

做法

1 鸡胸肉洗净，沥干水分，加入料酒和白胡椒粉腌制20分钟。

2 胡萝卜、黄瓜分别洗净后切成细丝。

3 老干妈酱、醋、蚝油、白糖、盐放入碗中，调成均匀的酱汁待用。

4 将腌好的鸡胸肉放入沸水中煮10分钟后捞出冲凉，待冷却后撕成细丝。

5 菠菜面煮熟后过凉水，沥干水分后铺入碗底，加入香油，用筷子拌匀。

6 将调好的酱汁浇在面上，再将鸡肉丝、胡萝卜丝、黄瓜丝整齐码放在上面，撒上葱花即可。

烹饪秘籍

黄瓜适宜带皮生吃，在切丝前可以将其在淡盐水中浸泡15分钟左右，可以有效去除其表皮上的有害物质。在浸泡时应将整根黄瓜放入水中，不要切开，以免其中的营养物质流失。

老干妈酱可以算得上是国民酱料了，是佐餐、调味的一把好手，仿佛只要加了这勺酱，每一餐便有了灵魂。在食材单一、时间紧张的情况下，用老干妈酱来拌面的确是一个非常讨巧的方法。不需要什么复杂的技巧，便可以尝到自己亲手做的美味。

清清淡淡
玉米虾仁凉面

🕐 35分钟 🍲 简单

主料
鲜面条150克·玉米粒100克·虾仁80克·豌豆50克

辅料
植物油2茶匙·盐2克·白糖1茶匙·葱花1克

做法

1 玉米粒、豌豆洗净后沥干水分；虾仁提前解冻，挑去虾线，沥干水分。

2 鲜面条放入沸水中煮熟，捞出后过凉水，冷却后沥干水分。

3 将豌豆放入煮面水中，煮5分钟后捞出，沥干水分。

4 锅里加入植物油，烧至五成热时下入虾仁，翻炒至其变色。

5 下入玉米粒和豌豆，再加入盐、白糖及约1汤匙清水，翻炒均匀即可。

6 将烧好的玉米虾仁浇在面上，撒上葱花即可。

烹饪秘籍 市售的虾仁一般都是冷冻虾仁，且都有比较厚的冰衣，解冻时应把虾仁全部浸泡在冷水中解冻，也可以提前从冷冻室取出，放入冷藏室自然解冻。

玉米、虾仁、豌豆，三种食材，三种颜色，让这碗玉米虾仁拌面从视觉上就格外吸引人。吃腻了重口味的面条，偶尔也要换换口味，吃点清淡的。

营养又低脂

海鲜荞麦凉面

🕐 35分钟   🥄 简单

主料

荞麦面120克·明虾80克·泡发干贝80克

辅料

料酒1汤匙·生抽2茶匙·老抽1茶匙·盐1克
白糖1克·高汤100毫升·虾油2茶匙·蒜末5克
香菜碎2克

营养
贴士

干贝的蛋白质含量很高，风干后的腥味
也减淡了很多，更易于烹饪。

做法

1 干贝提前泡发，洗净
后沥干水分，切成小丁；
明虾洗净，剔除虾线。

2 将干贝丁和明虾放入
碗中，加入料酒腌制
5分钟。

3 锅里加入虾油，烧至
五成热时下入蒜末爆香。

4 下入腌好的明虾和干
贝丁，炒至虾壳变红。

5 加入高汤，调入生抽、
老抽、盐、白糖，大火
烧开后关火待用。

6 荞麦面煮熟后，过凉
水冷却，沥干，放入
碗中。

7 浇上烧好的海鲜汁，
再点缀上香菜碎即可。

烹饪
秘籍

虾在清洗时可以保留虾头，这样既能
保证虾的完整，也能令面的卖相更好
看。如果觉得清洗虾头比较麻烦，也
可以去除虾头，将虾头洗干净后留着
炸虾油。

荞麦面味道独特，搭配上高蛋白低脂肪的海产品，便有了这一碗美味又营养的海鲜荞麦拌面。不仅能满足人体所需，还有很强的饱腹感，是爱美女士和健身男士的不二选择。

并不是只有日料才会用到芥末，中餐中很多菜肴也会使用芥末来提味，比如这道广受西北人民喜爱的芥末饸饹。爽滑的饸饹和酸爽的料汁就已经让其风味独特，而芥末的加入更是让人为其着魔。

辛辣酸爽
芥末饸饹

⏱ 15分钟　🥄 简单

主料

干饸饹120克·黄瓜50克

辅料

蒜3克·芥末酱3克·辣椒粉2茶匙
植物油4茶匙·陈醋1汤匙
生抽2茶匙·白糖1克·盐2克

营养贴士

饸饹由多种杂粮面制成，相比精细的白面面条，其富含更多的膳食纤维，热量也更低，非常适合肥胖人士食用，能起到降脂降糖的作用。

做法

1 干饸饹提前放入冷水中泡软，捞出后沥干水分；黄瓜洗净后切成细丝。

2 蒜去皮后用压蒜器压成蒜泥，将蒜泥放入碗中，加入2汤匙凉开水拌匀待用。

3 辣椒粉、白糖、盐放入碗中混合均匀。

4 锅里倒入植物油，加热至七成热时浇在混合好的混合辣椒粉中，并搅拌均匀。

5 将泡好的饸饹放入合适的容器中，加入黄瓜丝，再放入调好的辣椒油、蒜水、芥末酱、陈醋、生抽并搅拌均匀即可。

烹饪秘籍

1 干饸饹是熟制品，食用前用冷水浸泡至软即可，泡好后便可以凉拌，不需要煮。
2 芥末味道辛辣，对呼吸道和消化道有一定的刺激作用，用量可以根据个人情况酌情添加。

第 三 章
特色焖面、
卤面、炒面

快手简餐

豆角焖面

⏱ 35分钟　🍲 简单

主料

鲜面条250克·豆角150克·猪里脊100克

辅料

酱油1汤匙·白糖2克·盐2克·植物油1汤匙
蒜末3克·葱花3克·料酒1汤匙·白胡椒粉1克

营养贴士

豆角不仅热量很低，还含有丰富的膳食纤维和叶酸，孕妈妈经常吃富含叶酸的食物，可以预防胎儿神经系统缺陷。

做法

1 豆角去筋，洗净后沥干水分，切成段。

2 猪里脊洗净后切丝，加入料酒、白胡椒粉并拌匀，腌制10分钟。

3 锅里加入植物油，烧至五成热后下入蒜末、葱花，炒出香味后下入猪里脊丝，翻炒至其变色。

4 下入豆角段，翻炒均匀后加入酱油、白糖、盐，翻炒均匀。

5 加入没过豆角的清水，将面条抖散，铺在上面。

6 调至中火，盖上锅盖，焖15分钟，将面条和豆角拌匀即可。

烹饪秘籍

豆角种类很多，细分起来，有四季豆、扁豆、油豆角、白不老等，在制作这道焖饭时，最好选择四季豆，挑选豆荚瘦长、体形圆润、肉质肥厚、颜色嫩绿的，比较适宜焖制，做出来的成品口感也更好。

焖面是一款非常适合懒人的主食，没有繁琐的步骤，在炒菜的同时就能完成。焖的方式也让面条吸饱了汤汁，让耐煮的豆角更加入味，不需要太多时间，就能呈现出美味的一餐。

完美搭档
孜然羊肉焖面

🕐 45分钟　🍳 简单

主料

拉条子150克·羊肉200克·胡萝卜80克·洋葱50克

辅料

植物油1汤匙·淀粉1茶匙·料酒1汤匙·孜然粉5克
孜然粒5克·辣椒粉5克·生抽2茶匙·盐2克
白糖1克·白芝麻5克·香菜碎5克

营养
贴士

羊是纯食草动物，所以肉质比较细嫩，相比猪肉和牛肉，其脂肪及胆固醇的含量都要少，并且容易消化，是一种高蛋白、低脂肪的肉类。

做法

1 羊肉洗净，切成片，加入料酒、生抽、淀粉、孜然粒、白糖拌匀后腌制20分钟。

2 胡萝卜、洋葱分别洗净后切成跟羊肉片大小相仿的片。

3 拉条子放入沸水中，煮至五成熟后捞出，沥干水分待用。

4 锅里加入植物油，烧至五成热时下入腌好的羊肉，翻炒至其变色。

5 下入洋葱片，炒出香味后下入胡萝卜片，翻炒均匀。

6 加入孜然粉、辣椒粉，炒出香味后再加入盐、约100毫升清水后拌匀。

7 将拉条子抖散后铺在菜上，调至小火，盖上锅盖焖15分钟。

8 将面条和菜拌匀后盛出，撒上白芝麻和香菜碎即可。

烹饪
秘籍

羊肉的膻味来自于其体内的脂肪和性腺，也和品种及产地有一定的关系，一般来说公羊的膻味最重。在市面上买到的羊肉一般都是分割好的，并不能确定是公羊还是母羊，但通过挑选适当产区的羊肉，也能买到适口性好的羊肉。选择宁夏、内蒙古、陕北等地的羊肉，膻味会比较轻。

有了孜然的调味，很多人望而却步的羊肉也变得更加美味起来。胡萝卜和洋葱用天然的香甜滋味做补充，令这碗面的味道有了更多的层次，再搭配上筋道有嚼劲的拉条子，一碗地道的孜然羊肉面就做好啦！

大漠风情
葱爆羊肉焖面

🕐 25分钟　🍳 简单

主料

拉条子150克·羊腿肉150克·大葱段70克

辅料

植物油2汤匙·姜丝5克·料酒1汤匙·酱油1汤匙
醋1茶匙·白胡椒粉2克·白糖1茶匙·盐2克

营养贴士

大葱味道辛辣，能促进食欲，驱寒发汗，特别是其中含有苹果酸，能有效抑制微生物的生长，因此大葱也能起到一定的杀菌抑菌的作用。

做法

1 羊腿肉洗净后切成薄片，放入料酒腌制10分钟。

2 将酱油、醋、白胡椒粉、白糖、盐放入碗中，加入100毫升清水后拌匀成料汁待用。

3 锅里加入植物油，烧至七成热时下入羊肉片，快速翻炒至其变色。

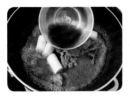
4 下入葱段、姜丝炒出香味，加入调好的料汁，并快速翻炒均匀。

5 拉条子放入沸水中煮至八成熟，捞出后沥干水分，铺到锅内的羊肉上，调成小火并盖上锅盖，焖10分钟。

6 将焖好的面条和羊肉拌匀即可。

烹饪秘籍

1 羊肉不好切，可以提前一晚将洗净的羊肉放入冰箱冷冻至硬，取出后稍稍回温，便可以切了。
2 炒羊肉时一定要油多火大，这样可以快速将羊肉炒熟，减少其肉质中的水分流失。

羊肉是西北人民非常喜爱的肉类，不仅肉质鲜美，健康低脂，还能起到暖身驱寒的作用。在冷风凛冽的冬季，一碗热气腾腾的羊肉面不仅是果腹的美味，也是御寒的秘方。

鲜嫩好滋味
茄子鸡丁焖面

🕐 40分钟　🥄 简单

主料

熟面条250克·鸡腿肉150克·长茄子250克

辅料

植物油2汤匙·葱段5克·蒜末5克·姜末3克
料酒1茶匙·白胡椒粉1克·生抽2茶匙·白糖2克
酱油2茶匙·淀粉1茶匙·盐3克·干辣椒段2克

营养
贴士

茄子富含水分，有消肿利尿的功效，特别是其中含有皂角苷，还有防止血栓形成的作用。但因为茄子内部疏松多孔，油炸的茄子会吸附过多的油脂，所以我们要尽量避免用油炸的方式烹饪茄子。

做法

1 鸡腿肉洗净，沥干水分，切成丁，加入生抽、料酒、白胡椒粉、白糖、淀粉抓匀后腌制10分钟。

2 长茄子洗净后切成丁，放入盆中，加入1克盐，拌匀后腌制5分钟，控干水分待用。

3 锅里加入1汤匙油，烧至五成热时下入茄丁，用小火煸炒至茄丁变软、颜色变深后盛出，控干多余油分待用。

4 另起一锅，加入1汤匙油，烧至五成热时下入葱段、蒜末、姜末、干辣椒段爆香。

5 下入鸡丁，翻炒至其变色后下入炒好的茄丁，翻炒均匀。

6 加入酱油、剩余盐、约100毫升开水拌匀，将熟面条铺在上面，调成小火，盖上锅盖焖20分钟即可。

烹饪
秘籍

1 在选购时应尽量选择比较粗短的茄子，这样的茄子肉质比较厚实，口感较好。

2 鸡腿肉剔骨其实并不费事，先竖着沿骨头方向将鸡腿剖开，再用刀贴着骨头切一圈，便可轻松地将鸡腿肉跟骨头分离。

原本平淡无奇的茄子，因为其疏松多孔的质地，非常适合搭配肉类烹饪。和鸡腿肉在一起，鲜美的肉香便融入茄子当中，这诱人的香气也勾起了那蠢蠢欲动的馋虫。你不来尝一尝吗？

低脂无负担

快手素焖面

🕐 35分钟   🍲 简单

主料

鲜面条200克·胡萝卜100克·豆角100克
黄豆芽80克

辅料

植物油1汤匙·酱油1汤匙·盐2克·白糖1克
干辣椒段3克·蒜片5克·香芹叶5克

营养
贴士

豆角是很好的植物蛋白质来源，还含有
大量的维生素K，能有效增加骨密度，
是一种营养价值较高的蔬菜。

做法

1 胡萝卜洗净，沥干水
分，切成薄片；豆角择
净，洗净后沥干水分，
斜切成段；黄豆芽洗净
后沥干水分待用。

2 锅里加入植物油，烧
至五成热时下入干辣椒
段、蒜片爆香。

3 依次下入胡萝卜片、
豆角段、黄豆芽，翻炒
均匀。

4 加入酱油、盐、白糖
炒匀，再加入约100毫
升清水，大火烧开。

5 调至小火，将鲜面条
铺在菜上，盖上锅盖，
焖20分钟。

6 将面条和蔬菜拌匀，
盛出后撒上香芹叶点缀
即可。

烹饪
秘籍

高品质的酱油颜色为澄清的红褐色，有浓郁的酱香味，摇晃
酱油的瓶子会出来很多的泡沫并不易散去，在选购时要注意
分辨。

卤面的出现很好地解决了吃面时营养不均衡的问题。有面有菜的搭配不仅能保证营养摄入的全面，也让每一餐都变得简单起来。更重要的是，这样的美味并不需要太多的碗盘来盛放，吃完饭后再也不用发愁有洗不完的碗啦！

好吃又简单

红烧肉卤蛋面

⏱ 45分钟　🍲 简单

主料

拉面200克·猪五花肉200克·香菇10克
卤蛋半个·小青菜30克

辅料

冰糖5克·蒜片2克·姜片3克·红葱酥1汤匙
八角1克·老抽2汤匙·生抽2汤匙·黄酒2茶匙
盐1克

营养
贴士

鸡蛋中含有丰富的卵磷脂、脂肪和多种
维生素等，有助于人体神经系统的发
育，是老人和孩子必不可少的优质食物。

做法

1 五花肉洗净后切成小
块，放入沸水中焯水1分
钟，捞出待用。

2 香菇洗净后切成小丁；
小青菜去根后整棵洗
净，沥干水分。

3 用小火将锅加热，放
入五花肉块，慢慢煎至
其表面金黄，油脂析出。

4 加入蒜片、姜片、红葱
酥，翻炒出香味后下入香
菇丁，炒至香菇变软。

5 加入没过肉约1厘米
左右的清水，再放入冰
糖、老抽、生抽、黄
酒、八角，大火煮开后
调至小火，继续煮30分
钟后加入盐并拌匀。

6 面条放入沸水中煮
熟，煮面过程中将青菜
一起煮熟后捞出，沥干
水分，装入碗中。

7 将烧好的卤肉和酱汁
淋在面条和青菜上，再
摆上半个卤蛋即可。

烹饪
秘籍

1 带皮的五花肉上一般会残留一些没有完全清除干净的猪毛，在
烹饪前可以小心地用镊子将其拔除，这样才不会影响成品的外
观和口感。

2 为了成品的美观，这道面里搭配的小青菜是整棵的，在清洗时
可以将去根的小青菜放入淡盐水中浸泡片刻，有利于清除其内
部的杂质。

好吃的卤肉应该是肥而不腻、瘦而不柴的，想要做好这一点其实没有想象中那么难，只需掌握好时间便能成功一大半。做好的卤肉很多人都会下意识搭配米饭做成卤肉饭，这一次何不试试搭配面条呢？

炒面是快速消耗冰箱内食材的好方法。选上几款自己喜欢的蔬菜，只需佐以简单的调味料，就能轻松完成美味的一餐。如果想营养更加全面，味道更好，也可以再搭配一些富含蛋白质的鸡蛋或者肉类哦。

简单家常味

家常炒面

🕐 20分钟　　👐 简单

主料

熟面条200克·西芹80克·胡萝卜80克
黄豆芽80克

辅料

植物油1汤匙·生抽2茶匙
蚝油2茶匙·葱花10克
白胡椒粉1克·盐1克

营养贴士

黄豆芽中富含维生素E，维生素E能有效抗氧化，改善皮肤状态，同时在预防心脑血管疾病上也有一定的积极作用。

做法

1 西芹洗净后切成段，胡萝卜洗净后切细丝，黄豆芽洗净后沥干水分待用。

2 锅里加入植物油，烧至五成热时下入葱花，爆香后依次下入西芹段、胡萝卜丝和黄豆芽，并翻炒均匀。

3 加入生抽、蚝油、白胡椒粉，再加入约2汤匙清水，继续翻炒2分钟。

4 将熟面条抖散后下入锅内，翻炒均匀后加入盐，拌匀即可。

烹饪秘籍

黄豆芽在清洗的时候除了要将泡涨的豆皮除掉外，还要仔细检查每颗黄豆的情况，那些有黑斑的豆子要剔除掉，不要食用。

朴实无华的美味
蚝油时蔬炒面

🕐 30分钟　🥄 简单

🌸 蚝油是让菜肴鲜美的关键调味料，回甘的味道成就了很多经典的美食。随便拿几样冰箱里现有的食材，加入蚝油，便具备了美味的基本元素。

主料

细面条200克・火腿肠80克
蒜苗50克・圆白菜50克
泡发木耳30克

辅料

植物油1汤匙・蒜末3克・葱花3克
蚝油2汤匙・盐1克

营养贴士

火腿肠因食用方便、便于携带和保存而深受人们喜爱。但因为其盐分含量较高，作为配菜时需要适当减少食盐的用量。过多食用高盐食物会引发高血压，成人每日食盐的摄入量要控制在6克以下。

烹饪秘籍

蒜苗的叶片鲜绿、无黄叶，叶柄笔直、洁白，根须浓密无腐烂、枯萎，说明其比较新鲜。而叶片枯萎松软，颜色暗淡，说明其已经不新鲜了，在选购时要注意分辨。

做法

1 细面条煮熟后捞出，过凉水后抖散待用。

2 蒜苗洗净后切成段，圆白菜、泡发木耳洗净后切丝，火腿肠切成细条。

3 锅内加入植物油，烧至五成热时下入蒜末、葱花爆香。

4 依次下入蒜苗、圆白菜、木耳、火腿肠，并翻炒均匀。

5 加入蚝油，再加入约2汤匙清水，翻炒均匀。

6 下入煮熟的面条，调成小火，翻炒均匀后加入盐，收干汁水即可。

鸡蛋肉丝炒面

🕐 15分钟　🍲 简单

主料

熟面条200克・鸡蛋1个・猪里脊100克

辅料

葱花5克・姜末2克・生抽1汤匙・白糖1克
盐2克・白胡椒粉1克・料酒2茶匙・淀粉2茶匙
植物油4茶匙

营养贴士

猪里脊相对于其他部位的猪肉脂肪含量更低，适合大多数人食用，特别是猪瘦肉中含有丰富的B族维生素，它也是人体正常代谢功能所必不可少的维生素。

做法

1 猪里脊洗净后切丝，加入料酒、白胡椒粉、淀粉，抓匀后腌制10分钟。

2 鸡蛋磕入碗中，打散成均匀的蛋液。

3 锅里加入一半的植物油，烧至五成热时倒入蛋液，摊成蛋饼后盛出待用。

4 将另一半植物油倒入锅内，烧至五成热时下入葱花、姜末爆香。

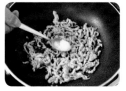

5 倒入猪里脊丝，翻炒至其变色后加入生抽、白糖并炒匀。

6 加入熟面条，翻炒均匀后加入盐调味。

7 将炒好的面条盛出，放上摊好的蛋饼即可。

烹饪秘籍

在日常烹饪中，很容易将生抽和老抽混淆。同老抽相比，生抽的味道更清淡，颜色更浅，适合炒菜或者拌凉菜时使用，可以为菜肴提味增鲜；而老抽味道浓郁，颜色很深，通常用来给食物上色，做各种红烧菜肴时必不可少。

家常菜肴，最重要的就是要方便和快手，正如这道面，便是用简单的食材做出了令人难忘的味道，也不需要太多的时间。做好后，打包装入便当盒，便是一顿既美味又营养的工作餐啦！

简简单单的美味
香菇肉丝炒面

🕐 25分钟　🥢 简单

主料

熟面条180克·鲜香菇100克·猪里脊100克
青椒50克

辅料

植物油1汤匙·淀粉2茶匙·料酒1汤匙·白胡椒粉1克
生抽1茶匙·白糖1克·盐1克

营养
贴士

香菇富含脂溶性维生素D，用含有油脂
的鸭肉来搭配，不仅能促进维生素D的
吸收，也能让汤的味道更鲜美。

做法

1 猪里脊洗净后沥干水
分，切成细丝，加入料
酒、白胡椒粉、淀粉抓
匀，腌制10分钟。

2 鲜香菇洗净，沥干水
分后切薄片；青椒洗
净，沥干水分后切细丝。

3 锅里加入植物油，烧
至五成热时下入猪里脊
丝，翻炒至变色。

4 依次下入香菇片、青
椒丝，翻炒至香菇片变
软、青椒丝呈半熟状态。

5 加入生抽、白糖，翻
炒均匀。

6 下入熟面条，翻炒均
匀后加入盐调味即可。

烹饪
秘籍

鲜香菇用小火煸炒可以蒸发其中的水
分，令香味更浓郁，口感也更好。所
以在和其他绿色蔬菜同时出现的时
候，一定要先煸炒香菇，待其体积变
小、质地变软，炒出水分后再放入其
他蔬菜，以免长时间加热绿色蔬菜导
致其营养元素的流失。

想要快速解决一顿饭，那就做炒面吧。两三样自己喜欢的食材，配上现成的面条，再挑选自己喜欢的口味，简单几分钟，就能出锅一盘热气腾腾的炒面。你还要偷懒说没有时间下厨吗？

名菜新吃法

鱼香肉丝炒面

🕐 30分钟　♨ 简单

主料

鲜面条150克・猪里脊120克・泡发木耳30克
莴笋80克・胡萝卜40克

辅料

植物油1汤匙・姜末2克・蒜末2克・葱花3克
干辣椒段2克・料酒2茶匙・淀粉1茶匙・豆瓣酱2茶匙
生抽2茶匙・白糖1茶匙・蚝油1汤匙・醋2茶匙
盐1克

营养贴士

木耳富含蛋白质、多糖及多种矿物质、维生素，有"菌中之冠"的美称，对提高人体免疫力有一定的食疗作用。

做法

1 猪里脊洗净后切成细丝，加入料酒和淀粉后拌匀腌制10分钟。

2 木耳、莴笋、胡萝卜洗净后沥干水分，切成细丝。

3 将豆瓣酱、生抽、白糖、蚝油、醋、盐放入碗中，再加入1汤匙清水，搅拌成均匀的酱汁。

4 面条放入沸水中煮熟，捞出后过凉水，沥干待用。

5 锅里加入植物油，烧至五成热时下入姜末、蒜末、葱花、干辣椒段爆香。

6 下入腌好的猪里脊丝，翻炒至其变色。

7 依次下入莴笋丝、胡萝卜丝、木耳丝，翻炒均匀后加入调好的料汁。

8 调成小火，下入煮熟的面条，翻炒均匀后收干汁水即可。

烹饪秘籍

胡萝卜素是一种脂溶性维生素，所以在炒胡萝卜的时候可以搭配一些肉类，以帮助胡萝卜素的吸收。

鱼香肉丝应该是每个人都吃过的川菜了，它将酸、辣、甜的味道融合在一起，就如同其名一般，没有鱼而能吃出鱼味来。在炒好的鱼香肉丝中加入面条，一道经典名菜便有了新的吃法。

内有乾坤

蛋包鸡丝炒面

⏱ 25分钟 　🥄 简单

主料

熟面条120克・鸡胸肉80克・胡萝卜50克
青椒50克・鸡蛋2个

辅料

植物油2汤匙・料酒2茶匙・淀粉2茶匙
白胡椒粉1克・盐2克・葱花2克・番茄沙司2克

━━━ 营养 贴士 ━━━

胡萝卜中含有丰富的膳食纤维，其有很强的吸水性，在人体内可以有效促进肠道蠕动，从而起到通便的作用。

做法

1 鸡胸肉洗净后切成细丝，加入料酒、淀粉、白胡椒粉，抓匀后腌制10分钟。

2 胡萝卜、青椒分别洗净后切成细丝；鸡蛋打入碗中，用筷子打散成均匀的蛋液。

3 锅里加入1汤匙植物油，烧至五成热时下入一半的葱花爆香。

4 放入鸡胸肉丝，滑炒至变色后下入胡萝卜丝、青椒丝，炒至其变色、变软。

5 下入熟面条，翻炒均匀后加入盐调味，撒入剩余的葱花并拌匀后盛出。

6 锅里倒入剩下的1汤匙植物油，烧至五成热时倒入蛋液，并迅速转动锅体，让蛋液均匀分布形成圆形，调成小火，将蛋液煎成蛋饼。

7 将煎好的蛋饼铺在盘中，将炒好的面条放在其中一半的地方，再将另一半的蛋饼盖在面条上，形成半圆。

8 在蛋饼外侧挤上番茄沙司点缀即可。

烹饪秘籍

青椒富含水溶性维生素C，要在其他食材快炒熟后再放入，并且要尽量缩短炒的时间，以免维生素流失，降低营养价值。

用蛋皮包着的炒面在品尝前像是一位蒙着面纱的美丽少女，不切开蛋皮，你永远不知道等待你的将是怎样的美味。其实只要掌握好了煎蛋饼的技巧，这样特别的蛋包面做起来就根本不在话下了。

第三章　特色焖面、卤面、炒面

147

鲜掉眉毛
海鲜炒面

🕐 25分钟　🍳 简单

主料

熟面条200克·基围虾100克·鱿鱼50克
口蘑30克·洋葱100克

辅料

蒜10克·小葱5克·蚝油2茶匙·生抽2茶匙
醋1汤匙·植物油2汤匙

营养贴士

口蘑中硒、钙、镁、锌等矿物质的含量
高于一般的食用菌，且易于吸收，是很
好的食补食材。

做法

1 基围虾洗净去头、去壳、挑去虾线，开背，即从背部将虾剖开，注意不要将虾切断。

2 鱿鱼提前解冻，撕去表面黑膜，洗净后沥干水分并切成细条。

3 口蘑洗净后切成薄片；洋葱去皮、洗净后切小丁；蒜去皮、洗净后切末；小葱洗净后切成葱花。

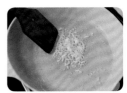

4 锅里加入植物油，烧至五成热时下入蒜末，用小火煸炒至其微黄。

5 下入口蘑片和洋葱丁，翻炒出香味，至口蘑变软，洋葱丁变透明。

6 下入基围虾和鱿鱼，继续翻炒至其变色。

7 加入蚝油、生抽和约50毫升清水，大火烧开。

8 调成小火，下入熟面条，翻炒均匀后关火，加入醋、葱花拌匀即可。

烹饪秘籍

1 新鲜口蘑不易储存，不宜一次购买太多，20℃左右的室温下，在不密封的避光环境中可以储存两天。

2 尽量不要把口蘑放入冰箱，口蘑水分含量很高，在冰箱内水分无法挥发，会令口蘑表面非常潮湿从而导致腐败。

海鲜、口蘑、洋葱、蒜，多种鲜香原料在恰当火候的作用下，香味被彻底地激发了出来，所有的味道交织在一起，令这碗面的味道有了质的飞跃。每种食材都缺一不可，少一分则淡，多一分则浓。

黑胡椒在除腥提味的同时，又最大限度地保留了牛肉的本来风味，让每一个食客都能品尝到牛肉的鲜美。

黑椒牛肉炒面

⏱ 30分钟　🥄 简单

主料

棍棍面150克·牛里脊150克
荷兰豆80克·洋葱50克·胡萝卜30克

辅料

植物油1汤匙·蒜末5克·蚝油1茶匙
黑椒汁2汤匙·黑胡椒碎1克·白糖1克
盐2克·淀粉1茶匙·料酒1茶匙

营养贴士

荷兰豆味道鲜美，富含水分以及钙、磷、铁等矿物质，磷元素同钙元素一样，都是维持骨骼健康的重要物质。

做法

1 牛里脊洗净后切成细条，加入淀粉、料酒抓匀后腌制10分钟。

2 荷兰豆、胡萝卜分别洗净后斜切成片，洋葱洗净后切成片。

3 棍棍面放入沸水中煮熟，捞出后沥干水分待用。

烹饪秘籍

买一个黑胡椒研磨器，在需要的时候自己研磨，这样就可以每次都吃到味道最浓郁的黑胡椒碎了。

4 锅里加入植物油，烧至五成热时下入蒜末，爆香后下入牛里脊条，翻炒至其变色。

5 依次下入洋葱片、胡萝卜片、荷兰豆，翻炒均匀后加入黑椒汁、蚝油、白糖、少许盐拌匀。

6 下入煮好的棍棍面，将面条炒散后加入黑胡椒碎及剩余盐，拌匀即可。

创意搭配
南瓜牛柳炒面

⏱ 35分钟　🍲 简单

主料

棍棍面200克·牛里脊120克·南瓜80克
洋葱30克·鲜香菇10克

辅料

植物油1汤匙·蛋清10克·淀粉2茶匙
生抽2茶匙·盐2克·蚝油2茶匙

**营养
贴士**

南瓜富含膳食纤维，能有效帮助消化；
其中的亚麻油酸、卵磷脂对于儿童大
脑和骨骼的发育也有很好的促进作用。

家常炒面的变化有很多种，不同的面条，不同
的配菜，便可以组合出无穷的创意来。

**烹饪
秘籍**

南瓜淀粉含量较
多，不易熟，在做
配菜时，可以将其
切得细一些，并且
在入锅后加入适量
清水以确保其能尽
快煮熟。

做法

1 牛里脊切成细条，加
入蛋清、淀粉、生抽抓
匀后腌制10分钟。

2 南瓜去皮、去子，洗
净后切成细丝；洋葱去
皮、切丝；鲜香菇洗净
后切成薄片。

3 棍棍面放入沸水中煮
熟，捞出后沥干水分
待用。

4 锅里加油，烧至五成
热时下入洋葱，炒出香
味后依次加入香菇片、
南瓜丝，翻炒均匀至半
熟状态。

5 下入腌制好的牛里脊
条，翻炒至其变色后加
入蚝油，再加入约2汤匙
清水，并翻炒均匀。

6 下入煮好的棍棍面，
混合均匀后加入盐并拌
匀即可。

咖喱由多种香料混合而成，能有效遮盖肉类的腥味，其特殊的辛辣气味也能刺激食欲。热爱咖喱的人总会变着花样用咖喱制作更多的美食，你最喜欢哪一种呢？

巧手花样炒面

咖喱牛肉炒面

🕐 20分钟　　🥄 简单

主料
熟面条150克·荷兰豆80克
牛里脊100克·洋葱30克

辅料
植物油1汤匙·蒜末5克·咖喱粉2茶匙
料酒2茶匙·生抽2茶匙·淀粉1茶匙
盐2克·香菜碎1克

营养
贴士

咖喱由多种香辛料组成，其中的辛辣味道不仅能有效刺激唾液和胃液的分泌，增加食欲，促进消化，还能起到促进血液循环的作用。

做法

1 牛里脊洗净后切丝，加入料酒、生抽、淀粉，抓匀后腌制10分钟。

2 荷兰豆择洗净后斜切成丝，洋葱洗净后切丝待用。

3 锅里加入植物油，烧热后下入蒜末爆香，依次加入洋葱和荷兰豆，炒至其变色。

烹饪
秘籍

颜色嫩绿、豆粒扁平、豆筋外凸的荷兰豆比较嫩，水分充足，口感最好。而颜色变深或者发白、豆粒饱满、豆筋干枯凹陷的荷兰豆就比较老了，口感较差。

4 加入牛里脊丝，翻炒至其变色后加入咖喱粉，炒出香味。

5 加入面条，炒匀后加入盐调味，炒匀后盛出，撒上香菜碎即可。

香滑软嫩

洋葱培根空心面

🕐 25分钟　🍴 简单

主料

空心意面150克 · 洋葱100克 · 培根100克

辅料

淡奶油50毫升 · 黄油10克 · 蒜末5克 · 盐2克
黑胡椒粉1克 · 欧芹碎1克

营养
贴士

淡奶油中含有丰富的脂肪和钙质，钙质
是确保人体骨骼和牙齿健康的重要物
质。但淡奶油热量较高，肥胖人士应控
制淡奶油的摄入量。

做法

1 洋葱洗净后切丝、培
根切成细条。

2 锅里加入黄油，待其
融化后放入蒜末爆香，
再加入洋葱丝炒至其
变软。

3 放入培根条，用小火
翻炒至培根两面微黄。

4 倒入淡奶油，加入黑
胡椒粉、盐，搅拌均匀
后用小火继续加热1分钟
左右至汤汁浓稠。

5 空心意面放入沸水中
煮熟，过凉水后捞出，
沥干水分，放入盘中。

6 将烧好的酱汁浇在面
条上，拌匀后撒上欧芹
碎即可。

烹饪
秘籍

1 黄油分为有盐和无盐
两种，有盐黄油多用
于涂抹面包直接食
用，无盐黄油通常作
为烹饪中的辅料。

2 淡奶油需要冷藏
保存，开封后的
淡奶油需要在三
天内食用完毕，
以免其变质。

淡奶油和黄油让奶香更加浓郁，煸得微焦的培根吃起来也不再油腻，反而很有嚼头。蒜和洋葱这对好搭档依旧是意面不可缺少的香味来源，当这些元素组合在一起，便有了这碗香滑软嫩的空心意面啦。

快手晚餐

黑椒培根意面

🕐 35分钟　🍳 简单

主料

通心粉100克・培根50克・洋葱80克・青椒100克

辅料

黑胡椒粉1茶匙・黑胡椒碎1克・盐2克・橄榄油1茶匙

营养贴士

意大利面用杜兰小麦制成，具有高蛋白、高筋度的特点，相比中式面条，其热量更低，更适合有减肥需求的人士食用。

做法

1 培根切成小丁；洋葱去皮、洗净后切丝；青椒去子、去蒂，洗净后切丝待用。

2 通心粉提前煮熟后捞出，沥干水分后加入橄榄油拌匀待用。

3 炒锅用小火加热，放入培根丁，慢慢煸炒至培根变色。

4 下入洋葱，继续翻炒至洋葱变软，颜色透明。

5 下入煮熟的通心粉，拌匀后加入约3汤匙煮面的水，大火烧开。

6 调成小火，加入青椒丝、黑胡椒粉、黑胡椒碎，拌匀。

7 盖上锅盖焖5分钟后加入盐，拌匀盛出即可。

烹饪秘籍

通心粉虽然是干制的，但如果保存不当仍会受潮变质。一般市售的意面都是塑料袋包装，开封后可以将意面装入专门的食品级密封袋中，放在阴凉干燥的环境中保存。

意大利面是西餐中的常客，但很多西式酱料的味道却让国人很难适应。对于初次尝试意面的人来说，不妨改变一下思路，用更大众化的调料和配菜来烹饪，这样也能品尝到意大利面的美味。

地道风味

传统肉酱意面

🕐 35分钟　🍲 简单

主料

意大利面150克 · 猪肉末100克 · 番茄250克

辅料

洋葱丁50克 · 蒜末10克 · 无盐黄油15克 · 盐3克
黑胡椒粉1/2茶匙 · 牛至叶1/2茶匙 · 罗勒叶1/4茶匙
白糖2茶匙 · 西芹叶2克

营 养
贴 士

猪肉中的脂肪含量比较高，同番茄搭配在一起，刚好和番茄中的膳食纤维相辅相成，让营养更加均衡。

做法

1 番茄去皮、去蒂后切小丁；西芹叶洗净后切成碎末待用。

2 将无盐黄油放入锅内，开小火，待黄油融化后放入蒜末爆香。

3 下入洋葱丁、猪肉末，翻炒均匀。

4 加入番茄丁，大火烧开后加入白糖、黑胡椒粉、牛至叶、罗勒叶，拌匀。

5 调成小火，继续煮15分钟后加入盐并拌匀，盛出待用。

6 意大利面煮熟后沥干水分，装入碗中，浇上烧好的肉酱，点缀上西芹叶碎即可。

烹 饪
秘 籍

牛至叶和罗勒叶都是传统意面酱料中必不可少的调料，但是因为文化的差异和翻译的问题，不同品牌的产品可能会出现中文名称相同但英文名称不同的情况，为了确保买到正确的调料，最好以英文的调料名称为准，牛至叶的英文名称为Oregano，罗勒叶的英文名称为Basil。

如果你非常喜爱意大利美食，那么传统的肉酱意面一定是你家餐桌上的常客。看起来神秘的肉酱做起来也并不复杂，掌握了调味的秘密，便可以在家中做出媲美西餐厅的美味意大利面了！

老少咸宜

肉丸红酱蝴蝶意面

🕙 25分钟　　🍴 简单

主料

蝴蝶意面160克 · 牛肉丸100克 · 番茄酱60克
牛肉高汤100毫升

辅料

胡萝卜30克 · 蒜4克 · 洋葱20克 · 橄榄油1汤匙
迷迭香1克 · 百里香1克 · 盐2克

营养
贴士

番茄酱是番茄的浓缩制品，最大限度地
保留了番茄的营养成分，富含胡萝卜
素、B族维生素及维生素C，其酸甜的
味道能够很好地促进食欲。

做法

1 胡萝卜、洋葱洗净后
切成小丁；蒜去皮、洗
净后切成末待用。

2 锅里加入橄榄油，烧
至五成热时下入蒜末爆
香，再依次下入洋葱
丁、胡萝卜丁，翻炒一
两分钟。

3 加入番茄酱、牛肉高
汤、牛肉丸，再加入迷
迭香和百里香，搅拌均
匀后大火烧开。

4 调成小火，继续煮
5分钟后加入盐，拌匀后
关火。

5 蝴蝶意面放入沸水中
煮熟，捞出后沥干水
分，放入碗中，将烧好
的酱汁浇上即可。

烹饪
秘籍

配方里使用的迷迭香和百里香均为干
制的调料，多为粉状或碎状，是西餐
中常见的香料，一般在大型超市里都
可以买到。这些香料在长时间储存后
会出现香味减退或丧失的情况，所以
在选购时尽量选择小包装的。

意面是很多小朋友非常喜爱的主食，但是长条的意面对他们来说吃起来实在是太费劲了。这时候不妨用更可爱的蝴蝶意面来代替吧，配上圆滚滚的肉丸，就是一顿让小朋友也无法拒绝的美味啦！

浓郁的奶香

三文鱼奶油意面

🕐 40分钟　🥄 简单

主料

意大利面150克·三文鱼120克·杏鲍菇50克

辅料

橄榄油1汤匙·蒜末5克·淡奶油100克
高汤100毫升·柠檬汁1茶匙·黑胡椒粉1/2茶匙
盐2克·薄荷叶一两片

做法

1 杏鲍菇洗净，切成段；
三文鱼洗净后擦干水
分，切成鱼柳；薄荷叶
洗净，沥干水分后切碎
待用。

2 意面放入沸水中煮熟
后捞出，沥干水分待用。

3 锅内加入橄榄油，放
入杏鲍菇，煸炒至其变
软、体积缩小。

4 下入三文鱼柳，翻炒
至其变色后下入蒜末，
炒出香味。

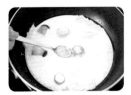

5 调成小火、加入淡奶
油、高汤、黑胡椒粉并
翻炒均匀。

6 下入煮熟的意面，翻
炒均匀后继续加热两三
分钟，至汤汁呈浓稠的
状态。

7 调入盐，拌匀后盛出，
淋入柠檬汁，撒上薄荷
叶碎即可。

烹饪
秘籍

杏鲍菇的挑选原则是，一看：要选择菌盖小，如帽子般盖着菌柄
的，菌盖开裂、边缘不整齐的不要；二闻：杏鲍菇应有杏仁味，没
味道或有异味的不要；三量：挑选长度在12～15厘米的杏鲍菇，
太长的内部发空，太短的还未长成。

这是一道传统的西式浓汤意面，浓郁的奶香包裹着筋道的意大利面，搭配鲜美的三文鱼，当它们在味蕾上相遇，便碰撞出了不一样的火花。而酸爽的柠檬汁又恰到好处地化解了淡奶油的油腻，让这碗面的口感更加丰富。

用中餐的方法做意面

金枪鱼意面

🕐 25分钟　🍴 简单

主料

意大利面120克 · 金枪鱼罐头200克

辅料

豆瓣酱2汤匙 · 料酒1汤匙 · 生抽1汤匙 · 白糖2茶匙
植物油1汤匙

做法

1 锅里加入植物油，烧至五成热时下入豆瓣酱炒香。

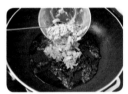

2 再下入金枪鱼肉，翻炒均匀。

3 料酒、生抽和白糖混合成均匀的料汁，倒入锅内，炒匀后盛出待用。

4 意大利面放入沸水中煮熟，捞出后过凉水，沥干水分，装入盘中。

5 将烧好的金枪鱼肉酱浇在面条上即可。

烹饪秘籍

金枪鱼罐头中的金枪鱼一般有整块的，也有肉碎状的，做这款金枪鱼酱用肉碎状的比较方便，省去了将大块鱼肉弄碎的步骤。

很多人在家里不敢尝试意大利面，担心做不好地道的西式酱料。其实换个思路，不要将意大利面当作遥不可及的舶来物，只需将其作为一款普通的面条，那么你的烹饪顾虑就能统统打消了。

秋天的味道
南瓜鲜虾意面

⏱ 55分钟　🥄 简单

主料

宽扁意面180克·南瓜200克·基围虾120克

辅料

橄榄油1汤匙·淡奶油100克·帕玛森奶酪5克
盐2克·黑胡椒粉1克

营
养
贴
士

南瓜中的多糖不仅让南瓜自带清甜的口感，还能够提高机体免疫力，对维持人体健康有着积极的作用。

做法

1 南瓜洗净后去皮、去子，切小块，放入烧开的蒸锅内蒸20分钟至熟。

2 基围虾洗净后挑去虾线，去头，剥去除虾尾外的所有虾壳，加入黑胡椒粉拌匀。

3 待南瓜冷却后，用勺子将其压成南瓜泥待用。

4 将宽扁意面煮至八成熟时捞出，沥干水分。

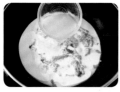

5 锅内加入橄榄油，烧至五成热时，加入南瓜泥、淡奶油及50毫升煮面的汤。

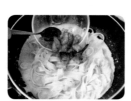

6 下入煮好的意面及腌好的虾，翻炒均匀后小火继续煮5分钟。

7 加入盐，拌匀至面条上均匀裹上南瓜泥后关火。

8 将面条盛出，用奶酪擦将帕玛森奶酪擦成碎末，撒在面条上即可。

烹饪秘籍

1 用来做南瓜泥的南瓜最好选用老南瓜，老南瓜味道更甜，水分更少，口味更好。

2 切块的南瓜在蒸的过程中会吸收水蒸气，变得比较潮湿，不利于后面的制作。除了把握好蒸制的火候和时间，也可以利用烤箱来烤熟南瓜，能减少南瓜泥的含水量。

南瓜本身的香甜味道让它在各种蔬果中显得格外特别。很多时候，南瓜在餐桌上只能充当配角，但这一次，金黄的南瓜泥裹着筋道的意面，不禁让人眼前一亮。而若隐若现的奶酪香让南瓜的香甜更加浓郁。

风味独特

海鲜青酱意面

🕐 50分钟　🍳 简单

主料

意大利面150克·鱿鱼片100克·芦笋80克

辅料

新鲜罗勒叶20克·橄榄油3汤匙·松子仁10克
蒜5克·帕马森奶酪粉1汤匙·黑胡椒粉1克
盐2克·料酒1汤匙

营 养
贴 士

罗勒的特殊芳香气味不仅能刺激食欲，
促进消化，还能让人精神振奋，同时其
挥发性物质还有驱虫的作用。

做法

1 蒜去皮、洗净，沥干
水分；芦笋去除老根，
洗净，沥干水分后斜切
成段。

2 鱿鱼片提前解冻，洗
净后先切成小段，再切
花刀，加入料酒后拌
匀，腌制15分钟。

3 新鲜罗勒择取叶片部
分，除留下一两片做装
饰外，其余的都放入料
理机。

4 将蒜、松子仁和其他剩
余调料全部放入料理机，
打成均匀的罗勒青酱。

5 意大利面煮熟后捞出，
沥干水分装入大碗中。

6 将芦笋段和鱿鱼花放
入沸水中焯熟，捞出沥
干水分，放在意面上。

7 将做好的青酱加入意
面中，拌匀后点缀上新
鲜罗勒叶即可。

烹 饪
秘 籍

1 新鲜罗勒叶尽量不要水洗，用潮湿的厨房纸将叶片表面擦拭干
净，并晾干即可，注意不要让叶片之间相互挤压。
2 在切碎罗勒叶之前，可以将料理机的刀片放入冰箱冷冻一下，以
免在搅拌时因为叶片温度过高导致罗勒叶氧化变色。

青酱意面是颇具意大利风情的主食之一，用新鲜的罗勒叶制作酱汁，明艳的绿色让人大饱眼福，特殊味道带来的味觉冲击，不失为体验地道异域风情的好方法。

神秘的黑色
海鲜墨鱼面

⏱ 45分钟　🥄 简单

主料

墨鱼意面100克·虾仁40克·花蛤50克·鱿鱼30克
蟹肉棒30克

辅料

番茄酱30克·橄榄油2茶匙·蒜末5克·洋葱丁20克
盐2克·植物油2茶匙·新鲜罗勒叶1克

营养
贴士

番茄酱中除了丰富的番茄红素、膳食纤维及维生素外，还含有天然果胶，能够滋养肌肤，起到美白、嫩肤的作用。

做法

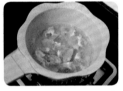

1 花蛤提前洗净，放入沸水中焯水至壳全部张开。

2 鱿鱼解冻后洗净，切成细条；蟹肉棒解冻后剥去外层塑料纸，切成小段；虾仁解冻后洗净待用。

3 将鱿鱼条、虾仁、蟹肉棒段放入沸水中焯水1分钟，捞出沥干水分。

4 墨鱼意面煮熟后，沥干水分，加入橄榄油并拌匀，放入餐盘中。

5 锅内加入植物油，烧至五成热时下入蒜末、洋葱丁爆香。

6 倒入番茄酱，再加入100毫升清水，大火烧开后调成小火，继续煮5分钟后加入盐，拌匀。

7 将焯熟的海鲜码放在煮好的意面上，浇上煮好的酱汁，拌匀后点缀上新鲜的罗勒叶即可。

烹饪
秘籍

买回来的花蛤用毛刷刷净外壳，再放入加了香油和盐的清水中浸泡两三个小时，焯水至其外壳全开后，再用清水冲洗掉花蛤肉上的杂质即可。

黑色总给人一种难以捉摸的神秘感，而在黑色
食物的黝黑外表下，往往深藏着丰富的营养物质，
这些都让这碗墨鱼面显得更加珍贵。用鲜艳的海鲜
和番茄作为配菜，在巨大的色彩反差下，更是勾起
了人们的食欲。

难忘的浓郁香味

蒜香意面

🕐 20分钟　🍲 简单

主料

意大利面200克

辅料

蒜20克 · 干辣椒4克 · 橄榄油3汤匙 · 盐3克
干香葱碎2克

营 养
贴 士

橄榄油富含单不饱和脂肪酸、多种维生素及抗氧化物，被誉为最适合人体健康的油脂。选用橄榄油作食用油，能有效减少饱和脂肪酸和胆固醇的摄入，起到降血脂的作用，还能减少高血压、冠心病、脂肪肝等疾病的发生风险。

做法

1 意大利面煮熟后捞出，沥干水分待用。

2 蒜去皮后洗净，切成薄片；干辣椒洗净后擦干水分，去子后切成细丝。

3 锅内加入橄榄油，烧至五成热时调成小火，下入蒜片和辣椒丝，煸炒至蒜片变色后关火。

4 倒入煮好的意面后再次开火，快速拌匀。

5 加入约2汤匙煮面的面汤，调成大火继续烧一两分钟，收干汁水。

6 加入盐、干香葱碎并拌匀即可。

烹饪
秘籍

这道意面有着浓郁的蒜香，蒜一定要切得足够薄才可以，这样在油煎的时候才能更利于蒜香味的挥发。

小火煸炒过的蒜片，香气被完全激发了出来，蒜片也变得香酥可口。这是一道没有多余配料的意大利面，但完全不会影响它的美味，浓郁的蒜香赋予了传统意面新的活力。

可爱的小豌豆

豌豆蘑菇贝壳面

🕐 20分钟　🍲 简单

主料

贝壳意面150克 · 口蘑80克 · 豌豆100克

辅料

黄油10克 · 蒜末5克 · 黑胡椒粉2克 · 迷迭香碎1克
盐2克

做法

1 口蘑洗净后切成小丁，豌豆洗净后沥干水分。

2 将豌豆放入沸水中煮2分钟后捞出，沥干水分。

3 贝壳意面放入沸水中，煮至八成熟后捞出，沥干水分。

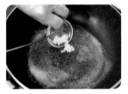

4 锅里放入黄油，小火将其融化后放入蒜末，炒出香味。

5 放入口蘑丁，小火煎至其变软、边缘金黄，加入豌豆，翻炒均匀。

6 加入贝壳意面，加入黑胡椒粉、迷迭香碎、盐，翻炒均匀后盛出即可。

烹饪秘籍

剥好的豌豆表面有一层白色的筋膜，可以将豌豆浸泡在清水一段时间后，再用两个手掌捧上一把豌豆轻轻揉搓，便可以将筋膜轻松搓掉了。

黄油是西餐中常用的调料，用黄油烹饪的菜肴会带有天然的奶香，再搭配上西式香料，便会碰撞出全新的味觉体验。而小小的贝壳面更像是连接两者的桥梁，一勺吃下去，有面有菜有滋味。

圆滚滚的口蘑看起来非常可爱，在它萌萌的外表下，包裹着让人垂涎的特殊香气，哪怕没有其他配料，照样能让人大快朵颐。如果想吃得更丰盛一些，配上些许时令蔬菜，就是营养丰富的一餐啦！

口蘑意面

⏱ 30分钟　🍴 简单

主料

螺旋意面120克 · 口蘑100克

辅料

黑胡椒碎1/2茶匙 · 蒜末5克 · 盐2克
橄榄油2茶匙 · 奶酪碎1克

——— 营养
贴士

奶酪是经过发酵的奶制品，因为水分少，同等重量下，营养价值远高于牛奶和酸奶，除了含有丰富的蛋白质和钙，还含有多种维生素和矿物质，是非常好的滋补食材。

做法

1 口蘑洗净后切成薄片，意面煮熟后沥干水分待用。

2 锅里加入橄榄油，烧至五成热时下入口蘑片，用小火煎至微黄的状态。

烹饪
秘籍

因为煮好后的意面还要跟其他食材一起炒，所以煮意面的时候可以比意面产品说明上标注的时间少煮30~60秒，以保证其筋道的口感。

3 下入蒜末，炒出香味后倒入煮熟的意面。

4 加入黑胡椒碎、盐，翻炒均匀，盛出后撒上奶酪碎即可。

全新的体验

香菇味噌乌冬面

🕐 35分钟　🍴 简单

味噌是日式料理常用的调料，如今在国内也能轻松买到。吃惯了千篇一律的中餐，偶尔也可以换个口味。经发酵制成的味噌除了能给菜肴增香提味，也会让你有耳目一新的感觉。

主料

乌冬面200克·鲜香菇50克
泡发木耳50克

辅料

植物油1汤匙·蒜5克·味噌酱1汤匙
生抽1茶匙·盐1克

───── 营 养
贴 士 ─────

木耳不仅热量很低，还含有丰富的膳食纤维，能有效增加饱腹感，缩短粪便在肠道内停留的时间，从而起到通便、减肥的作用。

───── 烹 饪
秘 籍 ─────

木耳一定要现吃现泡，不要吃长时间浸泡或隔夜浸泡的木耳，这样的木耳容易受到微生物的污染而产生毒素，严重时还可能引起食物中毒。

做法

1 鲜香菇洗净后切片；泡发木耳洗净，沥干水分后切丝；蒜去皮、洗净后切片。

2 乌冬面放入沸水中煮熟，捞出后过凉水，沥干水分待用。

3 锅内加入植物油，烧至五成热时下入蒜片，爆香后下入香菇片，翻炒至香菇变软。

4 下入木耳丝，翻炒均匀后下入味噌酱、生抽并加入约2汤匙清水，翻炒均匀。

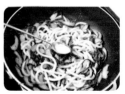

5 下入煮好的乌冬面，翻炒均匀后加入盐调味即可。

日式骨汤拉面

🕐 35分钟　🍲 简单

主料

拉面150克·猪里脊100克·冬笋30克·玉米粒20克

辅料

猪骨高汤500毫升·盐2克·淀粉2茶匙·料酒2茶匙
白胡椒粉1克·植物油1汤匙·卤蛋半个·葱花1克
海苔碎1克

营养贴士

玉米的营养成分比较全面，含有人体所需的蛋白质、脂肪、碳水化合物这三大营养物质，且富含维生素和膳食纤维，非常适合减脂期食用。

做法

1 猪里脊洗净后沥干水分，切成薄片；冬笋去皮、洗净后，切成细丝待用。

2 猪里脊片中加入料酒、白胡椒粉、淀粉，用手抓匀后腌制15分钟。

3 锅里加入植物油，烧至五成热时下入猪里脊片，翻炒1分钟至猪肉熟透后，盛出待用。

4 冬笋丝和玉米粒分别放入沸水中焯熟，捞出沥干水分。

5 拉面煮熟后捞出，沥干水分后放入大碗中，放上里脊片、冬笋丝和玉米粒。

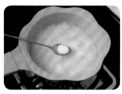

6 猪骨高汤再次煮开，加入盐并拌匀。

7 将骨汤浇在拉面上，再放上卤蛋，用葱花和海苔碎点缀即可。

烹饪秘籍

尽量选择冷冻的原味玉米粒，罐头玉米粒中加有调料，会影响面条整体的味道。

日式拉面有着鲜美的骨汤，筋道的面条让人在尝过后就总是期待下一次的相遇。其实简单才是美味的真谛，不需要华丽的食材，也没有繁琐的步骤，只需简单几步，你就可以打造属于自己的深夜食堂了。

美味加法

肉末乌冬面

🕐 25分钟　🍳 简单

主料

乌冬面150克・牛肉末100克・红椒30克・洋葱50克
口蘑30克

辅料

植物油1汤匙・姜末2克・葱花5克・生抽1汤匙
料酒1汤匙・盐2克・蚝油2茶匙

营养贴士

牛肉中含有丰富的蛋白质，脂肪含量
低，并且含有丰富的钾元素，钾元素对
人体肌肉的生长有着重要的影响，因此
牛肉也是很好的健身食材。

做法

1 红椒、洋葱、口蘑分
别洗净后沥干水分，切
成小丁。

2 乌冬面放入沸水中煮
熟，捞出后过凉水，冷
却后沥干水分待用。

3 锅里加入植物油，烧
至五成热时放入姜末和
一半的葱花爆香，下入
洋葱丁炒出香味，至变
成半透明状。

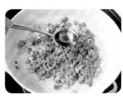

4 下入牛肉末炒至其变
色，加入料酒并翻炒均匀。

5 依次放入红椒丁、口
蘑丁，再加入生抽、蚝
油后翻炒均匀。

6 加入约50毫升清水，
大火煮开后倒入煮熟的
乌冬面。

7 翻炒均匀后加入盐调
味，盛出后撒上剩下的
葱花即可。

烹饪秘籍

乌冬面多为新鲜面制品，要尽量现买
现吃，并且需要放在冰箱中冷藏保
存，同时要留意其保质期，尽快食用
完毕。

粗粗的乌冬面不管是煮着吃还是炒着吃，都别有一番风味。搭配不同的蔬菜和肉类，就有了不一样的口感和味道。筋道爽滑的面条混合着鲜味十足的酱汁，就是在家也能吃到的大餐啦！

咖喱牛肉日式面

🕐 30分钟　🥄 简单

主料

乌冬面200克 · 牛里脊80克 · 洋葱30克 · 西芹30克

辅料

咖喱块20克 · 酱油1汤匙 · 料酒1汤匙 · 淀粉1茶匙
白糖1克 · 植物油1汤匙 · 西芹叶一两片
牛肉高汤500毫升

营养贴士

植物油中含有多种不饱和脂肪酸、维生素及矿物质，不饱和脂肪酸除了能有效降低血液的黏稠度，改善血液循环，促进血液流通，还能保证皮肤的健康和光滑。

做法

1 牛里脊切成薄片，放入碗中，加入料酒，腌制10分钟。

2 洋葱去皮后洗净，切丝；西芹洗净后切成段待用。

3 锅里加入植物油，烧至五成热时下入洋葱丝爆香。

4 下入腌好的牛肉片，翻炒至牛肉变色后下入西芹段，并翻炒均匀。

5 下入咖喱块，倒入高汤，大火煮开，加入酱油和白糖并拌匀。

6 淀粉中加入2茶匙清水，拌匀成水淀粉，倒入咖喱汤中，并搅拌均匀后关火。

7 乌冬面放入沸水中煮熟，捞出后沥干水分，铺入碗底。

8 将烧好的咖喱汤浇在面上，点缀上西芹叶即可。

烹饪秘籍

西芹的挑选原则：整棵形状整齐，没有老梗及黄叶，叶柄肥厚且没有锈斑和虫伤，颜色鲜绿有光泽。

由多种香料复合制成的咖喱带着浓浓的异域风情，让吃过的人记忆深刻。各种辣度的咖喱块简化了烹饪的步骤，也更适合当下快节奏的生活。随手拿来的食材切一切，再和咖喱块一起炖一炖，浓郁的咖喱酱汁就出锅啦！

第四章 风味异域面

183

香气扑鼻

东南亚酸辣炒面

🕐 25分钟　🥄 简单

主料

乌冬面200克·虾仁100克·胡萝卜40克·青椒40克

辅料

泰式甜辣酱1汤匙·盐2克·黑胡椒粉1克
植物油1汤匙·柠檬汁1茶匙·柠檬片5克

做法

1 胡萝卜、青椒分别洗净后切成细丝待用。

2 虾仁提前解冻，剔除虾线，沥干水分后加入黑胡椒粉，腌制10分钟。

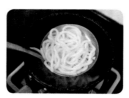

3 乌冬面放入沸水中煮至八成熟后捞出，沥干水分待用。

4 锅里加入植物油，烧至五成热时下入胡萝卜丝和青椒丝，翻炒至软。

5 下入虾仁，待虾仁略为变色后加入泰式甜辣酱，并翻炒均匀。

6 下入煮好的乌冬面，翻炒均匀后加入盐并拌匀。

7 将炒好的面条盛出，淋入柠檬汁，点缀上柠檬片即可。

烹饪
秘籍

柠檬可以很好地去腥，但是鲜柠檬不易保存，可以提前购买整瓶的食用柠檬汁，用起来更方便。

虽然同处亚洲，但东南亚的美食却别具一格。泰式甜辣酱就是一款非常有特色的酱料，酸、辣、甜交织在一起，每一口下去都带给人多重的味觉体验。炒面只是其中一种可能，聪明的你也许能发掘出更多的美食做法。

追韩剧也追美食

朝鲜冷面

🕐 50分钟　🥄 简单

主料

干荞麦面100克·水煮蛋半个·番茄半个（约60克）
梨1/4个（约50克）·卤牛肉20克

辅料

牛肉高汤300毫升·辣白菜10克·白醋1汤匙
白糖1茶匙·盐1克·白芝麻1/4茶匙

营养
贴士

梨口感清甜，不仅富含水分和膳食纤
维，还含有多种维生素和微量元素，能
有效缓解因上呼吸道感染引起的咽喉痒
痛症状，再加上其热量较低，是非常好
的减脂食材。

做法

1 干荞麦面放入冷水中
浸泡30分钟。

2 番茄、梨洗净，去皮
后切成薄片；卤牛肉切
片；辣白菜切碎待用。

3 牛肉高汤中加入白
醋、白糖、盐，再倒入
200毫升冰镇纯净水，
搅拌均匀。

4 将泡好的荞麦面煮熟
后捞出，放入冷水中浸
泡，冷却后沥干水分，
团成团，放入大碗中。

5 将切好的番茄片、梨
片、辣白菜碎均匀码放
在面条上，撒上白芝麻。

6 将调好的汤汁浇到面
条上，放上切好的卤牛
肉片、半个水煮蛋即可。

烹饪
秘籍

1 泡好的荞麦面非常易熟，放入沸水中煮1分钟左右即可，切不可
煮的时间过长，否则会导致面条断裂、发黏，影响口感。

2 冷面的汤是面条成败的关键，除了使用配方中的肉汤和水混合调
制的方法，根据每个人的饮食习惯，也可以使用纯肉汤或者纯水
来调制汤底。

辣白菜的美味魔法
韩式炒面

🕐 35分钟　🥄 简单

主料

拉面150克·猪五花肉80克·辣白菜50克
洋葱100克

辅料

韩式辣酱1汤匙·白糖1/2茶匙·盐1克·植物油2茶匙

营养贴士

五花肉中富含脂肪酸和甘油三酯，对于健康的人来说适量食用没有什么问题，而对于"三高"人群，要尽量减少食用肥肉，以免加重病情。

做法

1 五花肉洗净，切成薄片；洋葱去皮、洗净后切丝；辣白菜切段待用。

2 拉面放入沸水中煮熟，捞出后沥干水分待用。

3 锅内加入植物油，烧至五成热时下入五花肉片，用小火煸炒至肉片边缘卷起、呈金黄色。

4 下入洋葱继续翻炒出香味，下入辣白菜段并翻炒均匀。

5 加入韩式辣酱、白糖、盐和约100毫升清水，翻炒均匀。

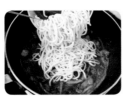

6 下入煮熟的拉面，翻炒均匀后调成小火。

7 继续炒5分钟至收干汁水即可。

烹饪秘籍

辣白菜是经过发酵的腌菜，在温暖的环境中会继续缓慢发酵，所以没有吃完的辣白菜最好装入密封容器，放入冰箱冷藏室保存。非密封容器会导致串味，影响其他食物。

普通的大白菜在厨娘的巧手里变成了口感爽脆、酸辣可口的辣白菜，不仅能当小菜，还能煮汤、做配菜。用地道的韩式辣白菜炒面是怎么吃都不会厌的美味，当心血来潮的时候，不用再费劲去找韩式料理店，自己在家就能轻松做出。

吃出健康系列

懒人
下
厨房
系列

家常
美食
系列

图书在版编目（CIP）数据

萨巴厨房 . 一碗好面 / 萨巴蒂娜主编 . — 北京：中国轻工
业出版社，2023.10
ISBN 978-7-5184-3047-5

Ⅰ . ①萨… Ⅱ . ①萨… Ⅲ . ①面条 – 食谱 Ⅳ . ① TS972.12
② TS972.132

中国版本图书馆 CIP 数据核字（2020）第 107971 号

责任编辑：张 弘 高惠京 责任终审：劳国强 整体设计：锋尚设计
策划编辑：张 弘 洪 云 高惠京 责任校对：晋 洁 责任监印：张京华

出版发行：中国轻工业出版社（北京东长安街6号，邮编：100740）
印 刷：北京博海升彩色印刷有限公司
经 销：各地新华书店
版 次：2023年10月第1版第4次印刷
开 本：710×1000 1/16 印张：12
字 数：200千字
书 号：ISBN 978-7-5184-3047-5 定价：49.80元
邮购电话：010-65241695
发行电话：010-85119835 传真：85113293
网 址：http://www.chlip.com.cn
Email：club@chlip.com.cn
如发现图书残缺请与我社邮购联系调换
231657S1C104ZBW